Paloma Souza Cabral Zappani

Cinética enzimática da hidrólise do óleo de oliva

AF141411

Paloma Souza Cabral Zappani

Cinética enzimática da hidrólise do óleo de oliva

Sistemas batelada e batelada alimentada

Novas Edições Acadêmicas

Impressum / Impressão
Bibliografische Information der Deutschen Nationalbibliothek: Die Deutsche Nationalbibliothek verzeichnet diese Publikation in der Deutschen Nationalbibliografie; detaillierte bibliografische Daten sind im Internet über http://dnb.d-nb.de abrufbar.

Informação biográfica publicada por Deutsche Nationalbibliothek: Nationalbibliothek numera essa publicação em Deutsche Nationalbibliografie; dados biográficos detalhados estão disponíveis na Internet: http://dnb.d-nb.de.

Coverbild / Imagem da capa: www.ingimage.com

Verlag / Editora:
Novas Edições Acadêmicas
ist ein Imprint der / é uma marca de
OmniScriptum GmbH & Co. KG
Heinrich-Böcking-Str. 6-8, 66121 Saarbrücken, Deutschland / Niemcy
Email / Correio eletrônico: info@nea-edicoes.com

Herstellung: siehe letzte Seite /
Publicado: veja a última página
ISBN: 978-613-0-16183-5

Dedico este trabalho à minha
mãe, por sonhar comigo e ser fonte
inesgotável de apoio e amor.

AGRADECIMENTOS

A Deus, pela proteção, coragem e luz em todos os momentos da minha vida.

A minha vó, Nilda (em memória), por ainda estar muito presente no meu coração, iluminando os meus dias.

Ao meu marido, Cleber, principalmente por ter me incentivado muito a realizar inscrição no processo seletivo deste curso de mestrado. Pelo amor e compreensão nos momentos em que deixei de estar com ele para conseguir realizar este trabalho.

Aos meus pais, Carlos e Umbelina, pelo apoio incondicional.

Ao meu irmão, Valmir, por ser um exemplo de pessoa e profissional.

Ao meu orientador Marcos Lúcio Corazza, pela excelente orientação e apoio durante estes dois anos de mestrado. Por ter contribuído para o meu crescimento pessoal e profissional. Pelo exemplo de dedicação ao trabalho. Por ter sido um orientador presente e por fim, agradeço pela sua paciência.

Ao meu orientador Fernando Voll, pela orientação e por toda contribuição dedicada a este trabalho permitindo o desenvolvimento do mesmo.

Ao professor Arion Zandoná, pela amizade, pelo conhecimento repassado e dedicação durante as análises cromatográficas.

A Alzira e Arilton, pela amizade e por torcerem por mim em mais esta etapa da minha vida.

A minha irmã-prima, Thaíssa, pelo incentivo e carinho em todos os momentos.

As minhas tias e madrinhas, Kátia, Nara e Nilsemar por serem tão presentes e me apoiarem em cada desafio.

Aos meus colegas do LACTA, PPGEAL e PPGEQ pela amizade e companheirismo. Vocês tornaram mais alegres os meus dias de trabalho.

A UFPR, pela possibilidade de usufruir de sua estrutura durante o mestrado, em especial o LACTA, laboratório onde a maior parte deste trabalho foi realizada.

Ao PPGEAL, pela oportunidade.

A CAPES pelo apoio financeiro.

RESUMO

Um recente relatório publicado pela Organização Mundial da Saúde revelou que mais de 300 milhões de pessoas são obesas. Pesquisas com óleos e gorduras alimentícios vêm indicando que os produtos ricos em diacilgliceróis (DAG), ao invés de triacilgliceróis, apresentam ação benéfica sobre a saúde humana pois o diacilglicerol, diferente do triacilglicerol (TAG), não é absorvido como gordura, apesar destes apresentarem valores energéticos similares. Consequentemente, é possível reduzir o teor de gordura no sangue e, ao longo do tempo, combater a obesidade. Diante os problemas relacionados ao consumo de óleos e gorduras e ao mesmo tempo a importância deste consumo, é crescente a demanda por tecnologias de modificação de óleos e gorduras. Entre os processos de modificação de óleos de maior interesse industrial estão as reações de hidrólise do triacilglicerol catalisadas por lipases. Neste processo, a concentração de água é apontada em muitos trabalhos como um parâmetro significativo durante as reações de hidrólise. Ao mesmo tempo em que uma alta razão de alimentação de água/triacilglicerol é necessária para o deslocamento da reação no sentido dos produtos, o excesso de água reduz a velocidade de reação de hidrólise devido ao efeito de inibição reversível da enzima. O objetivo deste trabalho é avaliar o efeito da concentração de água na hidrólise enzimática do óleo de oliva em sistema reacional em batelada e batelada alimentada visando a posterior produção de DAG. Os experimentos foram realizados em meio livre de solvente, na presença da enzima imobilizada Lipozyme RM IM. Ao final de 24 horas de reação em batelada, o maior rendimento em ácidos graxos livres (produto final da reação) foi obtido com uma alimentação de 20 m% de água em relação ao óleo. Verificou-se, entretanto, que para menores tempos de reação, maiores rendimentos foram obtidos com apenas 3 m% de água. A abordagem batelada alimentada não altera o equilíbrio da reação bioquímica, mas evita que a atividade enzimática seja inibida pelo excesso de agua, uma vez que este substrato não é totalmente alimentado no início da reação. Um modelo matemático foi ajustado aos dados experimentais obtidos em sistema batelada e sua capacidade de prever os perfis cinéticos da reação em sistema de batelada alimentada foi validada.

Palavras-chave: Acilgliceróis, Hidrólise, Óleo de oliva, Sistema batelada alimentada, Modelagem.

ABSTRACT

A recent report published by the World Health Organization showed that more than 300 million people are obese. Researches with food oils and fats have pointed that products rich in diacylglycerols (DAG) have beneficial effects on human health. Diacylglycerol, differently of the triacylglycerols, is not absorbed as fat even though they have similar caloric values. Consequently, it is possible to reduce the fat content in blood and it can to combat the obesity. Concerning the problems related to the oils and fats consumption, and at same time due to its importance, the interest on technologies involving modifications on oils and fats have been increased. Among the industrial processes for oils and fats modification lipases-catalyzed hydrolysis are the most important. In this process, the content of water is identified in several studies as a significant parameter for the hydrolysis reactions. High values of watertoTAG ratio is needed to shift the reaction towards the products, however the excess of water decrease the hydrolysis reaction rates due to the effect of reversible enzyme inhibition. The objective of this study was to evaluate the effect of water content on the enzymatic hydrolysis of olive oil. The experiments were performed in solvent -free medium with the immobilized Lipozyme RM IM. After 24 hours of batch reaction the yield in terms of free fatty acids (the end product of the reaction) was increased and it was obtained with a water content of 20 wt% related to the oil mass. It was found, however, that for shorter reaction times, higher yields were obtained with only 3 wt% of water content. The fed batch approach showed that the equilibrium of the biochemical reaction was not changed, but it can prevents enzymatic inhibition by the excess water.A mathematical model was fitted to the experimental data obtained in the batch system and its prediction capability for estimate the reaction profiles and kinetics in fed-batch system was validated.

Key-words: acylglycerols, hydrolysis, olive oil, fed-batch system, modeling.

LISTA DE FIGURAS

LISTA DE TABELAS

LISTA DE SÍMBOLOS

DAG - diacilglicerol

AGL – ácido graxo livre

G – glicerol

H_2O – água na fase oleosa

H_2O^{ins} – água não solubilizada no óleo

K_r ($r = 1,...,7$) – taxa de constante aparente (g-substrato^2/mmol^2)

MAG – monoacilglicerol

NOBS – número de observações

M_{AGL}- massa molar do ácido graxo livre do óleo de oliva (g/mol)

M_{DAG} – massa molar do diacilglicerol do óleo de oliva (g/mol)

M_{MAG} – massa molar do monoacilglicerol do óleo de oliva (g/mol)

M_{TAG} – massa molar do triacilglicerol do óleo de oliva (g/mol)

rmsd – desvio médio quadrático

TAG – triacilglicerol

U_r ($r = 1,...,6$) – constantes de velocidade aparente (g-substrato/(h.mmol))

$\left[x_{surf}^{oil} \right]$ – fração molar de surfactantes no óleo

$\left[w_{io}^{exp} \right]$ – fração mássica experimental do pseudo-componente i na observação o

$\left[w_{io}^{calc} \right]$ – Fração mássica calculada do componente/pseudo-componente i na linha de amarração n e na fase f

$\left[DAG \right]$ – concentração de diacilglicerol (mmol/g-substrato)

$[AGL]$ – concentração de ácido graxo livre (mmol/g-substrato)

$[H_2O]$ – water concentration in the oil phase (mmol/g-substrato)

$[H_2O]_0$ – concentração inicial de água na fase oleosa (mmol/g-substrato)

$\left[H_2O^{ins}\right]$ – concentração de água não solubilizada na fase oleosa (mmol/g-substrato)

$[G]$ – concentração de glicerol (mmol/g-substrato)

$[MAG]$ – concentração de monoacilglicerol (mmol/g-substrato)

$[TAG]$ – concentração de triacilglicerol (mmol/g-substrato)

SUMÁRIO

1 INTRODUÇÃO

A busca pela redução dos índices de obesidade e doenças cardiovasculares tem levado a procura pelo consumo de dietas que favoreçam esta redução. Assim, nos últimos anos, têm aumentado o interesse dos consumidores por alimentos que apresentam potencial de prevenir doenças e promover a saúde (BABICZ, 2009).

Óleos e gorduras têm grande participação no aparecimento de doenças relacionadas ao acúmulo de gorduras, devido ao seu consumo em excesso. Desta forma, dietas ricas em óleos e gorduras são fatores de risco para obesidade e doenças do coração (CHEONG *et al.*, 2007). No entanto, dificilmente se conseguirá uma dieta completamente livre de gorduras, uma vez que estas conferem agradáveis características sensoriais e têm papel fundamental na alimentação por serem importantes veículos de vitaminas lipossolúveis, participarem da síntese de substâncias endógenas e serem fontes de ácidos graxos essenciais, que são sintetizados apenas por vegetais (BABICZ *et al.*, 2009).

Neste contexto surge o interesse pela biotransformação destes óleos usados na alimentação humana, tornando-os ricos em diacilgliceróis, que são semelhantes a triacilgliceróis quanto a digestibilidade e valor energético. Apesar de similar ao triacilglicerol (TAG), o diacilglicerol (DAG) tem a capacidade de reduzir o nível de lipídios pós prandial, auxiliar na redução de peso e evitar o acúmulo de gordura abdominal (CHEONG *et al.*, 2007).

Diacilgliceróis podem ser produzidos através de processos de esterificação de glicerol com ácido graxo livre, glicerólise de triacilgliceróis ou hidrólise parcial de triacilglicerois (KRISTENSEN *et al.*, 2005). Entre estes processos a hidrólise é bastante utilizada por apresentar resultados satisfatórios quanto a rendimento e por questões de custo, pois a reação envolve reagentes baratos. Esta reação pode ser catalisada por enzimas ou catalisadores químicos (MATOS *et al.*, 2010).

A utilização de enzimas como catalisadores para hidrólise de óleos vegetais apresenta diversas vantagens, dentre as quais pode-se destacar a utilização de condições brandas de reação, facilidade na separação do meio e apresentam ainda maior especificidade, gerando menos subprodutos indesejáveis (AWADALLAK, 2012). As lipases são a principal classe de enzimas utilizadas neste tipo de aplicação. Os catalisadores químicos, por sua vez, envolvem condições mais severas de reação, produzem óleos de menor qualidade e necessitam de uma etapa de purificação para remoção de subprodutos (CASTRO *et al.*, 2004).

Para as reações catalisadas por enzimas é necessário que durante a reação de hidrólise se tenha uma quantidade mínima de água disponível no meio reacional, e que envolva e hidrate o seu sítio ativo permitindo a formação da interface necessária para ocorrência da ativação da lipase (SANTOS, 2011). No entanto, o teor de água livre no meio reacional deve ser controlado para evitar a inibição enzimática e perda de atividade provocada pelo excesso de água. Neste sentido, estratégias de processo que possibilitem o controle de adição de água se tornam alternativas interessantes para evitar a inibição enzimática obtendo melhor rendimento dos produtos desejados (HODGE *et al.*, 2011; RAMOS e SADDLER, 1994).

A modelagem matemática pode ampliar a visão sobre o processo de hidrólise enzimática tornando possível o direcionamento e maximização do(s) produto(s) de interesse, de acordo com as condições reacionais pré-estabelecidas.

Recentemente, no trabalho apresentado por Voll e colaboradores (Voll *et al.*, 2012) foi proposto um modelo de cinética enzimática para a hidrólise de óleo de palma em sistema livre de solvente. Nesse trabalho os autores observaram que a água em excesso pode causar uma inibição reversível da enzima e que um sistema de adição controlada de água poderia ser uma estratégia interessante para maximizar a reação. Neste sentido os objetivos, geral e específicos, são delineados para o desenvolvimento do presente trabalho conforme apresentados na sequencia.

1.2 OBJETIVOS

1.2.1 OBJETIVO GERAL

O objetivo geral do presente trabalho é aplicação de um sistema de batelada alimentada para a reação de hidrólise enzimática de um óleo comestível visando a maximização da reação.

1.2.2 OBJETIVOS ESPECÍFICOS

- Reações de hidrólise do óleo de oliva na presença de lipase Lipozyme RM IM em sistema batelada;
- Análise e quantificação de MAGs, DAGs, TAGs e AGLs para as diferentes condições experimentais estudadas;
- Modelagem matemática da cinética de hidrólise e obtenção dos parâmetros cinéticos;
- Simulação de condições de processo em batelada alimentada;
- Realização de experimentos em batelada alimentada em bancada e validação do modelo matemático proposto;
- Avaliar o efeito da concentração de água.

2. REVISÃO DE LITERATURA

Neste capítulo é apresentada uma breve revisão da literatura contemplando conceitos relevantes referentes aos óleos e gorduras, diacilgliceróis e reação de hidrólise enzimática que pode ser utilizada na obtenção de monoacilglicerol e diacilglicerol, bem como, os problemas envolvidos nesta reação, e que levam a buscar alternativas.

2.1 ÓLEOS E GORDURAS

Nas duas últimas décadas, o consumo excessivo de óleos e gorduras tem sido associado a alguns problemas de saúde tais como doenças cardiovasculares, obesidade e resistência à insulina (BABICZ, 2009). Um recente relatório publicado pela Organização Mundial da Saúde (OMS) mostra que mais de 300 milhões de pessoas estão obesas e estima-se que este número possa aumentar drasticamente se uma ação imediata não for tomada (PHUAH *et al.*, 2012). A partir destes dados verifica-se a necessidade de maior atenção ao consumo de óleos e gorduras e, em função desta necessidade de dietas mais adequadas, têm aumentado o número de pesquisas com este enfoque.   Em relação à produção e consumo, é estimada uma produção mundial anual de óleos e gorduras de aproximadamente 100 milhões de toneladas (FARIA, 2010). Os óleos vegetais são obtidos por meio do processo de extração de sementes ou frutos (AWADALLAK, 2012) e são constituídos principalmente por glicerídeos de ácidos graxos. Estes óleos podem conter fosfolipídeos, ácidos graxos livres e constituintes insaponificáveis. Suas características físicas variam com a estrutura e distribuição dos ácidos graxos nos triacilgliceróis (BABICZ, 2009).

Os lipídeos recebem denominação de óleo, quando líquidos a temperatura ambiente, ou gordura quando sólidos a mesma temperatura, e azeite quando provenientes da polpa de frutos (GIOIELLI, 1995). Ácidos graxos, por sua vez, são quase que inteiramente ácidos carboxílicos com cadeia alifática linear, sendo mais comuns os que apresentam entre 4 e 22 carbonos. A cadeia é formada a partir de duas unidades de carbono e as ligações duplas *cis* são inseridas por enzimas dessaturases em posições específicas em relação ao grupo carboxila

(SCRIMGEOUR, 2005). Na tabela 2.1 são apresentadas a nomenclatura, o nome e a fórmula de diferentes ácidos graxos comumente encontrados em óleos e gorduras.

TABELA 2.1 – NOMENCLATURA, NOME E FÓRMULA DE ÁCIDOS GRAXOS LIVRES

Nomenclatura	Nome	Fórmula
4:0	Butírico	$CH_3(CH_2)_2COOH$
6:0	Capróico	$CH_3(CH_2)_4COOH$
8:0	Caprílico	$CH_3(CH_2)_6COOH$
10:0	Cáprico	$CH_3(CH_2)_8COOH$
12:0	Láurico	$CH_3(CH_2)_{10}COOH$
14:0	Mirístico	$CH_3(CH_2)_{12}COOH$
16:0	Palmítico	$CH_3(CH_2)_{14}COOH$
18:0	Esteárico	$CH_3(CH_2)_{16}COOH$
18:1 9c	Oléico	$CH_3(CH_2)_7CH=CH(CH_2)_7COOH$
18:2 9c12c	Linoleico	$CH_3(CH_2)_4(CH=CHCH_2)_2(CH_2)_6COOH$
18:3 9c12c15c	α-Linolênico	$CH_3CH_2(CH=CHCH_2)_3(CH_2)_6COOH$
22:1 13c	Erúcico	$CH_3(CH_2)_7CH=CH(CH_2)_{11}COOH$

FONTE: SCRIMGEOUR (2005)

O ponto de fusão dos ácidos graxos aumenta de acordo com o aumento da cadeia e decresce com o aumento de insaturações (quando esta apresentar isomeria *cis*) na molécula. Dentre os ácidos graxos saturados, os de cadeias impares apresentam menores ponto de fusão comparados aos de cadeias pares adjacentes (BLASI *et al.*, 2007).

Triacilglicerol, predominantemente encontrado em óleo vegetal, é cientificamente comprovado como um dos principais causadores de várias doenças relacionadas com a obesidade, tais como diabetes, hipertensão e câncer, quando consumido em excesso (PHUAH *et al.*, 2012).

Apesar dos malefícios oferecidos pelo consumo de óleos e gorduras, não é possível eliminá-los da dieta humana pois agem como veículo para as vitaminas lipossolúveis, tais como vitamina A, D, E e K1 e são fontes de ácidos graxos essenciais como o linoleico, linolênico e araquidônico e contribuem para a palatabilidade dos alimentos (CASTRO *et al.*, 2004). Como estes ácidos graxos essenciais são sintetizados apenas por vegetais, é necessário e fundamental que humanos os obtenham através da dieta alimentar (BABICZ, 2009).

Diante os problemas relacionados ao consumo de óleos e gorduras e ao mesmo tempo a importância deste na alimentação, tem surgido um crescente interesse no desenvolvimento de tecnologias de modificação dos óleos e gorduras (CASTRO *et al.*, 2004). A estrutura básica dos óleos e gorduras pode ser redesenhada, por meio de hidrogenação, que envolve a modificação química dos ácidos graxos, pela hidrólise que acontece através da reversão da ligação éster, e interesterificação pela reorganização dos ácidos graxos na cadeia principal do triglicerídeo (CASTRO *et al.*, 2004).

2.1.1 Óleo de oliva

O óleo de oliva foi escolhido como matéria prima deste trabalho por sua homogeneidade e pelos conhecidos benefícios relacionados ao seu consumo.

Diferentemente de outros óleos vegetais, que são extraídos com o uso de solventes, o azeite de oliva é extraído do fruto colhido da oliveira, normalmente por processos mecânicos (ALVES, 2010).

O óleo de oliva está entre os óleos vegetais comestíveis mais importantes comercializados mundialmente. Em populações que utilizam este óleo como principal fonte lipídica em sua dieta são registradas menores incidências de doenças coronarianas do que em povos de outras regiões, que consomem mais gorduras saturadas (KRUGER, 2010).

O óleo de oliva contém aproximadamente 90% de ácidos graxos insaturados, sendo o ácido oleico o componente predominante e destes aproximadamente 10% são ácidos graxos poliinsaturados (KRÜGER, 2010). Quanto ao teor de acilgliceróis, o óleo de oliva tem 93,3% de TAG e 5,5% de DAG (YANAI, 2007). Tanto a polpa como a semente do fruto da oliveira contém óleo e este é idêntico em ambos os casos (KRÜGER, 2010). Os principais ácidos graxos presentes no azeite de oliva são: ácido oléico (C18:1), ácido linoléico (C18:2), ácido palmítico (C16:0), ácido palmitoléico (C16:1) e ácido esteárico (C18:0) (KRÜGER, 2010).

A grande aceitação do óleo de oliva em dietas humanas está relacionada às suas propriedades sensoriais agradáveis e aos benefícios que o consumo deste óleo pode trazer a saúde, por conter compostos fenólicos, que são oxidantes naturais (ALVES, 2010).

2.1.2 Diacilglicerol

Diacilgliceróis são ésteres de glicerol que resultam da substituição de dois grupos hidroxilas da molécula de glicerol por ácidos graxos, via ligação éster (AWADALLAK *et al.*, 2013). Estes podem existir em duas formas isoméricas: *sn*-1,2-DAG e *sn*-1,3- DAG (SAMBANTHAMURTHI *et al.*, 2000). Na figura 2.1 são apresentadas as possíveis estruturas de um diacilglicerol.

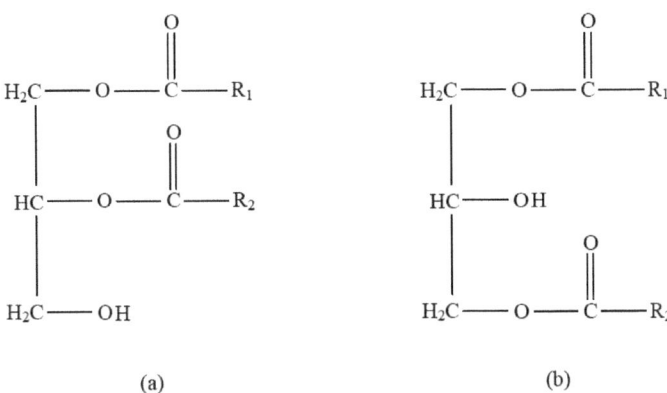

(a)   (b)

FIGURA 2.1 – ESTRUTURAS GERAIS DE UM DIACILGLICEROL. (A) 1,2 OU 2,3 – DAG; (B) 1,3 DAG.

A forma isomérica 1,2-DAG é formada após a ingestão de triacilglicerol e é considerada como um intermediário metabólico. A 1,3-DAG é metabolizada por uma via diferente do TAG e do 1,2-DAG e por isso é responsável pela ação benéfica do consumo de diacilglicerol (BABICZ, 2009).

A biotransformação de óleos e gorduras pode resultar na produção de diacilglicerol (SATYARTHI *et al.*, 2011; FIAMETTI *et al.*, 2008; FREGOLENTE *et al.*, 2009). Estes glicerídeos são os emulsificantes mais utilizados na indústria alimentícia, cosmética (como estabilizantes de emulsões) e farmacêutica (como ligantes em comprimidos e como emolientes) (KRÜGER, 2010; BOYLE e GERMAN, 1996; FLACK e KROG, 1970; BORNSCEUER, 1995). Além disso, os DAGs têm grande aplicação como aditivo funcional em alimentos, trazendo benefícios para saúde (CHEONG *et al.*, 2007; KRUGUER *et al.*, 2011; YANAI *et al.*, 2007).

Nas pesquisas com óleos e gorduras alimentícios, estudos vêm indicando que os produtos ricos em diacilgliceróis podem apresentar ação benéfica sobre a saúde humana, pois são metabolizados totalmente, o que não ocorre com as moléculas de triacilgliceróis (SANTOS, 2011), podem ainda diminuir o acúmulo de gordura corpórea, além de reduzir os níveis de triacilgliceróis no sangue após as refeições (BABICZ, 2009; VALÉRIO *et al.*, 2009). Estes componente podem também, a longo prazo, serem utilizados no combate a obesidade. Além disso, como sua estrutura é semelhante à estrutura da molécula de TAG, os óleos ricos em diacilgliceróis apresentam propriedades de cozimento e fritura similares aos óleos que contêm predominantemente triacilgliceróis (SANTOS, 2011).

Pesquisas realizadas por Maki e colaboradores (2002) demostraram que o consumo de óleos constituídos predominantemente por DAG, associado a uma dieta com deficiência de energia pode acelerar a perda de peso. O resultado destas pesquisas apontou uma redução de massa gorda em 8,3% em 24 semanas para dietas com DAG e 5,6% para dietas com TAG. A tabela 2.2 apresenta a quantidade de TAG E DAG para diferentes óleos vegetais.

TABELA 2.2 – PORCENTAGEM MÁSSICA DE TAG E DAG EM DIFERENTES ÓLEOS COMESTÍVEIS.

Óleo	TAG	DAG
Soja	97,9	1,0
Algodão	87,0	9,5
Palma	93,1	5,8
Milho	95,8	2,8
Açafroa	96,0	2,1
Oliva	93,3	5,5
Colza	96,8	0,8
Banha	97,9	1,3

FONTE: YANAI (2007).

Estudos realizados nos Estados Unidos e Japão mostram que a massa gorda de um indivíduo pode ser reduzida substituindo de 10 a 20 gramas dos óleos convencionais da dieta pela mesma massa de óleo rico em diacilglicerol (YASUKAWA *et al.*, 2004).

É neste contexto que surge o uso de diacilgliceróis na indústria alimentícia. No Japão, desde 1999, é comercializado um óleo rico em diacilgliceróis sendo considerado como óleo de cozinha funcional ou óleo de diacilgliceróis, registrado pela marca "Econa™" (SANTOS, 2011). Em 2000, o consumo de um óleo rico em DAG foi aprovado como GRAS (*Generally Recognized As Safe*, ou *Geralmente Reconhecido Como Seguro*) nos Estados Unidos (VOLL e BRITO, 2010). Este óleo comercial é produzido a partir da esterificação de ácidos graxos provenientes de óleo de soja e canola por reação enzimática, e tem uma composição de no mínimo 80 % em massa de DAG (BABICZ, 2009).

2.2 HIDRÓLISE

Durante a hidrólise enzimática existem 3 etapas, na primeira há inicialmente um período de indução, no qual as taxas de reação são muito baixas. Após este período as velocidades de reação aumentam e começam a ser formados o AGL e o DAG. Na segunda etapa o DAG é hidrolisado formando MAG e mais uma molécula de AGL. Na terceira etapa acontece a hidrólise do MAG para glicerol e AGL, levando a hidrólise completa (AWADALLAK, 2012). A última etapa é indesejada quando se objetiva a formação de DAG e MAG.

A hidrólise tem como vantagens sua fácil operação quando comparada com a reação de esterificação. Ainda, não apresenta os problemas característicos causados pelo excesso de glicerol no meio (VOLL, 2011).

A hidrólise dos óleos, de forma geral, apresenta como produtos finais o glicerol e ácidos graxos livre, e como produtos intermediários DAG e MAG, que consistem em TAG sem um ou dois ácidos graxos respectivamente. O tempo de reação e disponibilidade de reagentes para a conversão definem se a reação será completa ou não (AWADALLAK, 2012).

Na literatura são apresentados estudos em que foram realizadas reações de esterificação, glicerólise e hidrólise para produção de DAG utilizando lípases (PHUA *et al.*, 2012; VALÉRIO *et al.*, 2009; AWDALAK *et al.*, 2013; FARIA, 2010; KRUGUER *et al.*, 2011; BABICZ *et al.*, 2009; KRISTENSEN *et al.*, 2005). Apesar da grande aplicação dos diferentes métodos, a hidrólise é preferível em termos de custo e rendimento, conforme mencionado anteriormente (PHUAH *et al.*, 2012). Na figura 2.2 é ilustrado um esquema de reações de hidrólise enzimática de triacilglicerol.

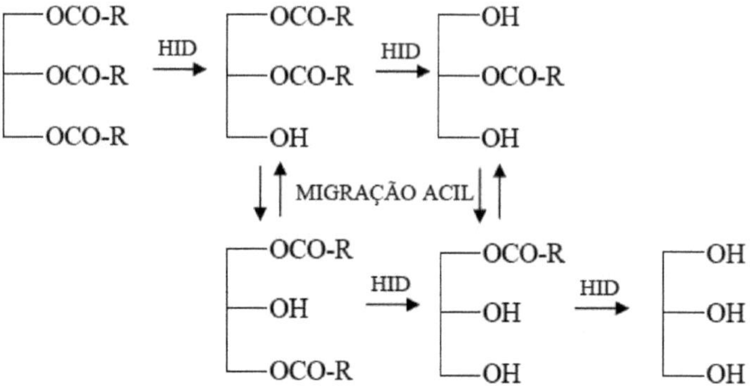

```
┌─OCO-R        ┌─OCO-R        ┌─OH
│       HID    │       HID    │
├─OCO-R   ──>  ├─OCO-R   ──>  ├─OCO-R
│              │              │
└─OCO-R        └─OH           └─OH

                  ↓↑ MIGRAÇÃO ACIL ↑↓

┌─OCO-R        ┌─OCO-R        ┌─OH
│       HID    │       HID    │
├─OH      ──>  ├─OH      ──>  ├─OH
│              │              │
└─OCO-R        └─OH           └─OH
```

FIGURA 2.2 – ESQUEMA DE REAÇÕES DA HIDRÓLISE ENZIMÁTICA DE TAG.

2.2.1 Efeito do teor de água na hidrólise enzimática

Em meio aquoso, as lipases catalisam a hidrólise das ligações ésteres de triglicerídeos insolúveis em água. Entretanto, em ambientes com restrição de água ocorre a reação inversa, ou seja, a formação destas mesmas ligações ésteres (FARIA, 2010). É necessário que durante a reação de hidrólise se tenha a disponibilidade de uma quantidade mínima de água que envolva a enzima e hidrate o seu sítio ativo, permitindo assim a formação da interface necessária para que ocorra a ativação da lipase (SANTOS, 2011). No entanto, é preciso que esta quantidade seja controlada para que não aconteça inibição da atividade enzimática por excesso de água.

O processo de hidrólise enzimática necessita de dois requisitos para a operação: a formação de uma interface lipídeo/água e a absorção da enzima nesta interface. Assim, quanto maior a interface, maior a quantidade de enzima adsorvida, acarretando velocidades de hidrólise mais elevadas (CASTRO et al., 2004).

2.3 LIPASES

Lipases são enzimas classificadas como hidrolases capazes de catalisar reações de hidrólise e síntese de grupos ésteres de diversos compostos. As lipases são amplamente encontradas na natureza a partir de fontes animais e vegetais e podem ser obtidas a partir de microrganismos naturais ou geneticamente modificados (BABICZ, 2009). A produção de lípases tem sido realizada principalmente através de culturas de microrganismos em função da facilidade de controle, rendimento e do menor custo de obtenção (YASUKAWA *et al.*, 2004).

O uso de catalisadores químicos, comumente utilizados para reações de transformação de óleos, resulta em processos pouco versáteis. A aplicação de tais catalisadores exige o uso de altas temperaturas e possuem baixa especificidade, o que pode resultar em produtos de composição química mista, tornando obrigatória uma etapa final de purificação (SANTOS, 2011).

O interesse por biotransformação de óleos ampliou consideravelmente o potencial de aplicação das enzimas como catalisadores em processos industriais. As razões do enorme potencial biotecnológico dessa enzima incluem fatos relacionados com sua alta estabilidade em solventes orgânicos, não requerem a presença de co-fatores, possuem uma larga especificidade (CASTRO *et al.*, 2004; VILLENEUVE *et al.*, 2000; RENDÓN *et al.*, 2001; CHATTERJEE e BHATTACHARYYA, 1998) e permitem a aplicação de temperaturas e pressões brandas no processo, com a manutenção de uma alta atividade (LIGUORI *et al.*, 2013; FREITAS *et al.*, 2008; CHEIRSILP *et al.*, 2007; PAWONGRAT *et al.*, 2007). Entretanto, o uso de catalisadores químicos é considerado interessante ou até mesmo necessário em alguns casos, principalmente devido ao alto custo das enzimas (AWADALLAK, 2012).

O uso de lipases é uma alternativa quando é necessário evitar a hidrólise completa, pois favorecem a formação de MAG e evita que o mesmo seja convertido em glicerol e AGL (VOLL *et al.*, 2012). Dependendo da fonte, as lipases podem ter massa molecular variando entre 20 a 75 kDa, atividade em pH na faixa entre 4 a 9 e em temperaturas variando desde a ambiente até 70 °C (CASTRO *et al.*, 2004).

Ainda em relação as lipases, estas catalisam uma série de diferentes reações. Além de quebrar as ligações de éster de triacilgliceróis com o consumo de moléculas de água (hidrólise), conforme mencionado anteriormente, as lipases são também capazes de catalisar a reação de formação de ligações éster, a partir de um álcool e ácido carboxílico (síntese de éster) (CASTRO *et al.*, 2004).

A quantidade de enzima a ser utilizada é um parâmetro importante na reação de hidrólise. É preciso uma quantidade mínima de enzima para catalisar a reação mas ao mesmo tempo o excesso delas no meio pode dificultar a reação (MURTY *et al.*, 2002) devido à limitações de transferência de massa, pelo fato de a mistura da reação ficar pobre para uma grande quantidade de enzimas presentes, o que resulta na formação de aglomerados. Este comportamento foi percebido em estudo feito por Valério *et al.* (2009), onde a partir de um determinado valor, o aumento na quantidade de enzimas no meio reacional ocasionou diminuição na produção de MAG e DAG.

A Lipozyme® RM IM é obtida a partir do microorganismo *Rhizomucor miehei*. Esta enzima atua nas ligações ésteres dos triacilgliceróis e pode ser aplicada em reatores em batelada ou em coluna, utilizando temperaturas de 30 a 70 ºC. Segundo estudos avaliados pela Novozymes, a atividade máxima de Lipozyme®RM IM é obtida quando a enzima, com a matriz do suporte, contém cerca 10% (m/m) de água (SANTOS, 2011).

2.4 MODELO CINÉTICO DA REAÇÃO DE HIDRÓLISE

Voll *et al.* (2012) desenvolveram um modelo matemático de reação de hidrólise enzimática do óleo de palma, sem adição de solvente ou surfactante. Foram consideradas as etapas de adsorção/dessorção dos substratos nos sítios da enzima e a etapa de reação dos substratos no complexo enzimático. As seguintes etapas de reação de hidrólise foram propostas:

$$TAG + E + H_2O \underset{k1}{\overset{k2}{\rightleftharpoons}} TAG \times E \times H_2O \underset{k3}{\overset{k4}{\rightleftharpoons}} DAG \times E \times AGL \underset{k5}{\overset{k6}{\rightleftharpoons}} DAG + E + AGL \quad (1)$$

$$DAG + E + H_2O \underset{k7}{\overset{k8}{\rightleftharpoons}} DAG \times E \times H_2O \underset{k9}{\overset{k10}{\rightleftharpoons}} MAG \times E \times AGL \underset{k11}{\overset{k12}{\rightleftharpoons}} MAG + E + AGL \quad (2)$$

$$MAG + E + H_2O \underset{k13}{\overset{k14}{\rightleftharpoons}} MAG \times E \times H_2O \underset{k15}{\overset{k16}{\rightleftharpoons}} G \times E \times AGL \underset{k17}{\overset{k18}{\rightleftharpoons}} G + E + AGL \quad (3)$$

Por não haver adição de solvente ou surfactante no meio reacional, a água disponível no sistema não se encontra completamente misturada ao óleo. Assim, a água total do sistema encontra-se em fase oleosa e uma fase aquosa. No estudo foi considerado que apenas a água disponível na fase oleosa é responsável pela reação de hidrólise e o balanço molar entre a água na fase oleosa e a água na fase aquosa foi representado pela equação abaixo:

$$H_2O \underset{k19}{\overset{k20}{\rightleftharpoons}} H_2O^{ins} \tag{4}$$

Como os produtos intermediários da reação, MAG e DAG, são surfactantes a constante k_{19} foi escrita como dependente da concentração desses surfactantes na fase oleosa. Uma equação empírica foi proposta para descrever a constante k_{19} como uma função da fração molar de surfactantes na fase reacional oleosa:

$$k_{19} = k_{19}^A \cdot exp\left(-k_{19}^B \cdot x_{surf}^{oleo}\right) \tag{5}$$

Onde:

$$x_{surf}^{oleo} = \left(\frac{[DAG]+[MAG]}{[TAG]+[DAG]+[MAG]+[AGL]}\right) \tag{6}$$

No estudo de Voll *et al.*, 2012 foi considerado que a presença de água no sistema pode inibir reversivelmente a atividade enzimática:

$$H_2O^t + E + H_2O^t \underset{k21}{\overset{k22}{\rightleftharpoons}} H_2O^t \times E \times H_2O^t \tag{7}$$

Onde:

$$H_2O^t = H_2O + H_2O^{ins} \tag{8}$$

A Equação 8 descreve uma dependência de segunda ordem da inibição reversível da enzima em relação a concentração de água. Esta abordagem apresentou melhores resultados do que a hipótese de uma dependência de primeira ordem.

As taxas de reação e de difusão da água entre as fases oleosa e aquosa, foram escritas pelas equações diferenciais:

$$\frac{d[TAG]}{dt} = -k_1 \cdot [TAG] \cdot [E] \cdot [H_2O] + k_2\,[TAG \times E \times H_2O] \tag{9}$$

$$\frac{d\,[DAG]}{dt} = \begin{pmatrix} k_5.[DAG \times E \times AGL] - k_6 \cdot [DAG] \cdot [E] \cdot [AGL] \\ -k_7 \cdot [DAG] \cdot [E] \cdot [H_2O] + k_8 \cdot [DAG \times E \times H_2O] \end{pmatrix} \tag{10}$$

$$\frac{d\,[MAG]}{dt} = \begin{pmatrix} k_{11}.[MAG \times E \times AGL] - k_{12} \cdot [MAG] \cdot [E] \cdot [AGL] \\ -k_{13} \cdot [MAG] \cdot [E] \cdot [H_2O] + k_{14}.[MAG \times E \times H_2O] \end{pmatrix} \tag{11}$$

$$\frac{d[AGL]}{dt} = \begin{pmatrix} k_5 \cdot [DAG \times E \times AGL] - k_6.[DAG] \cdot [E] \cdot [AGL] \\ +k_{11}.[MAG \times E \times AGL] - k_{12} \cdot [MAG] \cdot [E] \cdot [AGL] \\ +k_{17} \cdot [G \times E \times AGL] - k_{18} \cdot [G] \cdot [E] \cdot [AGL] \end{pmatrix} \tag{12}$$

$$\frac{d[G]}{dt} = k_{17} \cdot [G \times E \times AGL] - k_{18}[G] \cdot [E] \cdot [AGL] \tag{13}$$

$$\frac{d[H_2O]}{dt} = \begin{pmatrix} -k_1 \cdot [TAG] \cdot [E] \cdot [H_2O] + k_2 \cdot [TAG \times E \times H_2O] \\ -k_7 \cdot [DAG] \cdot [E] \cdot [H_2O] + k_8.[DAG \times E \times H_2O] \\ -k_{13}[MAG][E][H_2O] + k_{14}[MAG \times E \times H_2O] - k_{19}[H_2O] + k_{20}[H_2O^{ins}] \end{pmatrix} \tag{14}$$

$$\frac{d[H_2O^{ins}]}{dt} = k_{19} \cdot [H_2O] - k_{20} \cdot [H_2O^{ins}] \tag{15}$$

As taxas de formação dos diferentes complexos enzimáticos foram descritas pelas seguintes relações:

$$\frac{d[TAG \times E \times H_2O]}{dt} = 0 = \begin{pmatrix} k_1 \cdot [TAG] \cdot [E] \cdot [H_2O] - k_2 \cdot [TAG \times E \times H_2O] \\ -k_3 \cdot [TAG \times E \times H_2O] + k_4.[DAG \times E \times AGL] \end{pmatrix} \tag{16}$$

$$\frac{d[DAG \times E \times AGL]}{dt} = 0 = \begin{pmatrix} k_3 \cdot [TAG \times E \times H_2O] - k_4.[DAG \times E \times AGL] \\ -k_5 \cdot [DAG \times E \times AGL] + k_6 \cdot [DAG] \cdot [E] \cdot [AGL] \end{pmatrix} \tag{17}$$

$$\frac{d[DAG \times E \times H_2O]}{dt} = 0 = \begin{pmatrix} k_7 \cdot [DAG] \cdot [E] \cdot [H_2O] - k_8.[DAG \times E \times H_2O] \\ -k_9 \cdot [DAG \times E \times H_2O] + k_{10} \cdot [MAG \times E \times AGL] \end{pmatrix} \tag{18}$$

$$\frac{d[MAG \times E \times AGL]}{dt} = 0 = \begin{pmatrix} k_9 \cdot [DAG \times E \times H_2O] - k_{10}.[MAG \times E \times AGL] \\ -k_{11} \cdot [MAG \times E \times AGL] + k_{12} \cdot [MAG] \cdot [E] \cdot [AGL] \end{pmatrix} \tag{19}$$

$$\frac{d[MAG \times E \times H_2O]}{dt} = 0 = \begin{pmatrix} k_{13} \cdot [MAG] \cdot [E] \cdot [H_2O] - k_{14}.[MAG \times E \times H_2O] \\ -k_{15} \cdot [MAG \times E \times H_2O] + k_{16} \cdot [G \times E \times AGL] \end{pmatrix} \tag{20}$$

$$\frac{d[G \times E \times AGL]}{dt} = 0 = \begin{pmatrix} k_{15} \cdot [MAG \times E \times H_2O] - k_{16} \cdot [G \times E \times AGL] \\ -k_{17} \cdot [G \times E \times AGL] + k_{18} \cdot [G] \cdot [E] \cdot [AGL] \end{pmatrix} \tag{21}$$

$$\frac{d[H_2O^t \times E \times H_2O^t]}{dt} = 0 = k_{21} \cdot [H_2O^t] \cdot [E] \cdot [H_2O^t] - k_{21} \cdot [H_2O^t \times E \times H_2O^t] \tag{22}$$

Foi ainda considerado que os complexos enzimáticos tem vida curta e ocorrem apenas em baixas concentrações. Deste modo, foi assumido que a velocidade de formação de um complexo é igual a sua velocidade de consumo. Assim, a taxa global de formação de um complexo é igual a zero. Assumiu-se então, a Hipótese do Estado Pseudo-Estacionário.

A concentração de enzimas totais foi definida como a soma das concentrações de todos os complexos enzimáticos e da concentração de enzimas livres:

$$[E_t] = \begin{pmatrix} [E] + [TAG \times E \times H_2O] + [DAG \times E \times AGL] \\ +[DAG \times E \times H_2O] + [MAG \times E \times AGL] + [MAG \times E \times H_2O] \\ +[G \times E \times AGL] + [H_2O^t \times E \times H_2O^t] \end{pmatrix} \tag{23}$$

A enzima (Lipozyme RM IM) utilizada no trabalho de Voll *et al.*, 2012 é termoestável, e apresenta melhor estabilidade térmica na faixa de temperatura de 40-60 °C, por esse motivo não foi levada em consideração a desativação da enzima, durante o período de reação, nos cálculos.

Após extensas manipulações algébricas das equações (9) – (23), os autores obtiveram o seguinte sistema de equações diferenciais ordinárias de primeira ordem:

$$\frac{d[TAG]}{dt} = \frac{[ET] \cdot \left(-V_1 \cdot [TAG] \cdot [H_2O] + V_2 \cdot [DAG] \cdot [FFA]\right)}{\begin{pmatrix} 1 + K_1 \cdot [TAG] \cdot [H_2O] + K_2 \cdot [DAG] \cdot [FFA] \\ + K_3 \cdot [DAG] \cdot [H_2O] + K_4 \cdot [MAG] \cdot [FFA] \\ + K_5 \cdot [MAG] \cdot [H_2O] + K_6 \cdot [G] \cdot [FFA] + K_7 \cdot [H_2O^t]^2 \end{pmatrix}} \tag{24}$$

$$\frac{d[DAG]}{dt} = \frac{[ET] \cdot \begin{pmatrix} V_1 \cdot [TAG] \cdot [H_2O] - V_2 \cdot [DAG] \cdot [FFA] \\ -V_3 \cdot [DAG] \cdot [H_2O] + V_4 \cdot [MAG] \cdot [FFA] \end{pmatrix}}{\begin{pmatrix} 1 + K_1 \cdot [TAG] \cdot [H_2O] + K_2 \cdot [DAG] \cdot [FFA] \\ + K_3 \cdot [DAG] \cdot [H_2O] + K_4 \cdot [MAG] \cdot [FFA] \\ + K_5 \cdot [MAG] \cdot [H_2O] + K_6 \cdot [G] \cdot [FFA] + K_7 \cdot [H_2O^t]^2 \end{pmatrix}} \tag{25}$$

$$\frac{d[MAG]}{dt} = \frac{[ET]\cdot\left(\begin{array}{c}V_3\cdot[DAG]\cdot[H_2O]-V_4\cdot[MAG]\cdot[FFA]\\-V_5\cdot[MAG]\cdot[H_2O]+V_6\cdot[G]\cdot[FFA]\end{array}\right)}{\left(\begin{array}{c}1+K_1\cdot[TAG]\cdot[H_2O]+K_2\cdot[DAG]\cdot[FFA]\\+K_3\cdot[DAG]\cdot[H_2O]+K_4\cdot[MAG]\cdot[FFA]\\+K_5\cdot[MAG]\cdot[H_2O]+K_6\cdot[G]\cdot[FFA]+K_7\cdot[H_2O^t]^2\end{array}\right)} \tag{26}$$

$$\frac{d[FFA]}{dt} = \frac{[ET]\cdot\left(\begin{array}{c}V_1\cdot[TAG]\cdot[H_2O]-V_2\cdot[DAG]\cdot[FFA]+V_3\cdot[DAG]\cdot[H_2O]\\-V_4\cdot[MAG]\cdot[FFA]+V_5\cdot[MAG]\cdot[H_2O]-V_6\cdot[G]\cdot[FFA]\end{array}\right)}{\left(\begin{array}{c}1+K_1\cdot[TAG]\cdot[H_2O]+K_2\cdot[DAG]\cdot[FFA]\\+K_3\cdot[DAG]\cdot[H_2O]+K_4\cdot[MAG]\cdot[FFA]\\+K_5\cdot[MAG]\cdot[H_2O]+K_6\cdot[G]\cdot[FFA]+K_7\cdot[H_2O^t]^2\end{array}\right)} \tag{27}$$

$$\frac{d[G]}{dt} = \frac{[ET]\cdot\left(V_5\cdot[MAG]\cdot[H_2O]-V_6\cdot[G]\cdot[FFA]\right)}{\left(\begin{array}{c}1+K_1\cdot[TAG]\cdot[H_2O]+K_2\cdot[DAG]\cdot[FFA]\\+K_3\cdot[DAG]\cdot[H_2O]+K_4\cdot[MAG]\cdot[FFA]\\+K_5\cdot[MAG]\cdot[H_2O]+K_6\cdot[G]\cdot[FFA]+K_7\cdot[H_2O^t]^2\end{array}\right)} \tag{28}$$

$$\frac{d[H_2O]}{dt} = \frac{[ET]\cdot\left(\begin{array}{c}-V_1\cdot[TAG]\cdot[H_2O]+V_2\cdot[DAG]\cdot[FFA]\\-V_3\cdot[DAG]\cdot[H_2O]+V_4\cdot[MAG]\cdot[FFA]\\-V_5\cdot[MAG]\cdot[H_2O]+V_6\cdot[G]\cdot[FFA]\end{array}\right)}{\left(\begin{array}{c}1+K_1\cdot[TAG]\cdot[H_2O]\\+K_2\cdot[DAG]\cdot[FFA]+K_3\cdot[DAG]\cdot[H_2O]\\+K_4\cdot[MAG]\cdot[FFA]+K_5\cdot[MAG]\cdot[H_2O]\\+K_6\cdot[G]\cdot[FFA]+K_7\cdot[H_2O^t]^2\end{array}\right)}+\left(\begin{array}{c}-k_{19}\cdot[H_2O]\\+k_{20}\cdot[H_2O^{ins}]\end{array}\right) \tag{29}$$

$$\frac{d[H_2O^{ins}]}{dt} = k_{19}^A\cdot e^{(-k_{19}^B\cdot x_{surf}^{oil})}\cdot[H_2O]-k_{20}\cdot[H_2O^{ins}] \tag{30}$$

Onde [ET] é a concentração total mássica de enzima no meio.

2.5 CONSIDERAÇÕES

A revisão da literatura revela o destaque do óleo de oliva como matéria prima para produção de mono e diacilgliceróis, por sua homogeneidade e grande aceitação em dietas humanas, devido às propriedades sensoriais agradáveis e benefícios relacionados ao seu consumo. A reação de hidrólise enzimática apresenta vantagens por não envolver catalisadores químicos, permitindo o uso de temperatura e pressão mais brandas. O estudo do efeito da concentração de água em reações de hidrólise enzimática se torna importante para determinação da quantidade ideal de água para que a enzima possa catalisar a reação e ao mesmo tempo que a quantidade de água não cause inibição por excesso, otimizando a reação de hidrólise enzimática.

No entanto, observa-se que poucos ou nenhum estudo apresentado na literatura até o presente momento demonstra a viabilidade técnica e a potencialidade da realização de hidrólise catalisada por Lipozime RM IM em sistema batelada alimentada. A partir disso, esta é a principal lacuna que este trabalho intenta.

3. MATERIAL E MÉTODOS

Neste capítulo são apresentados os materiais e métodos utilizados neste trabalho para obtenção de cinéticas de reação de hidrólise enzimática do óleo de oliva e análises de MAG, DAG, TAG e AGL. Ao final do capítulo é descrito o modelo cinético da reação de hidrólise do óleo de oliva utilizado nas simulações de reação de hidrólise enzimática em sistemas batelada e batelada alimentada.

3.1 MATERIAL

O óleo de oliva extra virgem utilizado foi da marca Andorinha, produzido em Portugal, com acidez máxima 0,8 %. Este óleo foi, adquirido em supermercado na cidade de Curitiba – PR. A enzima utilizada foi LIPOZIME® RM IM da empresa Novozymes, comprada da Sigma-Aldrich. Foi utilizado solvente n-hexano (Panreac, pureza: 99%) para a filtração do meio reacional na remoção das enzimas. Uma solução de NaOH (Vetec) 0,1 M foi utilizada nas análises de determinação de acidez. Fenolftaleína (Vetec) foi utilizada como indicador. Etanol absoluto (Sigma-Aldrich, pureza: 99%) foi utilizado na diluição das amostras para titulação. Nas análises cromatográficas foram utilizados n-heptano (Biotec, pureza: 99%), piridina (Sigma-Aldrich, 99%), derivatizante N-methy-N-trimethysiltrifluoroacetamide (MSTFA), padrões: monooleína (pureza >99%; *CAS Number* 111-03-5), dioleína (pureza > 99%; *CAS Number* 2537-84-7) e trioleína (pureza >99%, *CAS Number*: 122-32-7), todos de grau cromatográfico e comprados da Sigma-Aldrich. Os padrões utilizados foram escolhidos por serem os majoritários em cada uma das classes presentes no óleo de oliva.

3.2 MÉTODOS

3.2.1 Métodos analíticos

3.2.1.1 Determinação de acidez por titulação ácido-base

Para determinar a acidez foi utilizado método descrito por Instituto Adolfo Lutz, 1985. Pesou-se cerca de 1 g de amostra em balança analítica (Marte, modelo

AM220), diluída em 50 ml de etanol absoluto em um Becker. Adicionou-se 2 gotas do indicador fenolftaleína na solução e titulou-se, sob agitação, com solução de NaOH 0,1 M até o aparecimento de coloração rósea permanente. A acidez foi calculada em porcentagem mássica, de acordo com a seguinte equação:

$$AGL\% = \frac{V \cdot M \cdot PM_{agl}}{P_{oleo} \cdot 10} \tag{31}$$

Onde:

AGL% = acidez da amostra

V = ml da solução de NaOH consumidos

M = molaridade real da solução de NaOH

PM_{agl} = Massa molar do ácido graxo livre analisado

P_{oleo} = g da amostra de óleo analisada

3.2.1.2 Determinação de acidez por titulação potenciométrica

Para determinação da acidez por potenciometria pesou-se cerca de 1 g de amostra, diluída em 50 ml de etanol absoluto em um becker. Para esta análise foi utilizado um pHmêtro (Hanna Instruments, HI 221, Portugal) com um eletrodo combinado de platina (Marte, Santa Rita do Sapucaí – MG, Brasil), para soluções não aquosas. Titulou-se, sob agitação, com solução de NaOH 0,1 M, adicionando-se pequenas quantidades desta solução (0,5 a 1 mL). A cada adição anotou-se o valor da diferença de potencial (mV) indicado no pHmêtro. Próximo ao ponto de equivalência adicionou-se volumes de titulante em quantidades de apenas 0,1 mL, e após o ponto de equivalência prosseguiu-se com adição de 1 mL por mais cinco pontos. Construiu-se o gráfico mV *versus* volume do reagente adicionado e traçou-se uma curva através dos pontos. O ponto de equivalência é o ponto correspondente ao ponto de inflexão da curva. A acidez foi calculada em porcentagem mássica utilizando o volume determinado pelo ponto de equivalência usando-se a equação (31). As figuras 3.1 e 3.2 mostram o eletrodo e o pHmêtro utilizado nas análises potenciométricas.

FIGURA 3.1 - AGITADOR MAGNÉTICO E ELETRODO UTILIZADOS NAS ANÁLISES POR TITULAÇÃO POTENCIOMÉTRICA

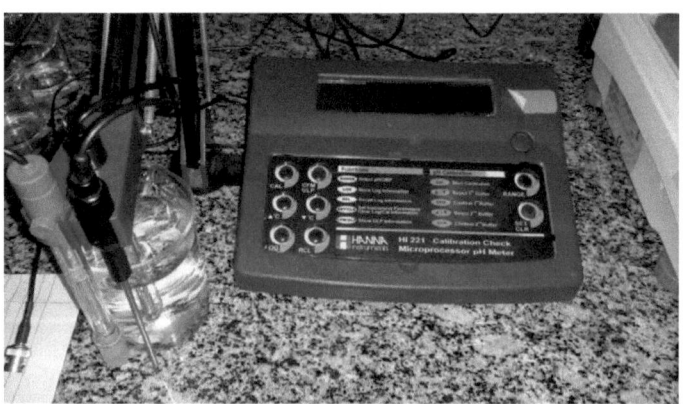

FIGURA 3.2 – PHMÊTRO UTILIZADO NAS ANÁLISES POR TITULAÇÃO POTENCIOMÉTRICA

3.2.1.3 Análise de MAGs, DAGs e TAGs por cromatografia gasosa

A análise cromatográfica (GC) para determinação do teor de MAGs, DAGs, TAGs e AGLs nas amostras foi realizada com o objetivo de quantificar o comportamento da reação ao longo do tempo e determinar a concentração de TAG, DAG e MAG nas amostras. As amostras foram analisadas em cromatógrafo gasoso (GC), Thermo Scientífic Trace 1310, com injetor automático PTV e detector de ionização de chama (FID). A coluna capilar utilizada foi uma coluna *Select Biodiesel*. As condições de operação seguiram um método desenvolvido baseado na Norma n⁰ 14105, do Comitê Europeu para padronizações. A programação de temperatura da coluna foi: 90 ºC por 1 minuto, seguido do aumento de 4 ºC/min até 150 ºC, 7 ºC/min até 190 ºC, 10 ºC/min até 220 ºC e 40 ºC/min até 400 ºC. A temperatura do detector foi de 420ºC, a pressão do gás de arraste (nitrogênio) de 70 kPa e o volume injetado foi de 1,5 µL.

Foi preparada uma solução mãe de cada padrão externo (monooleína, dioleína, trioleína) e a partir destas soluções preparou-se 6 soluções de cada componente de calibração em diferentes concentrações, conforme apresentado na Tabela 3. Para solução mãe utilizou-se 5 mg de padrão/1000 µL de n-heptano.

TABELA 3.1 - CONCENTRAÇÕES DAS SOLUÇÕES DE CALIBRAÇÃO PARA CADA PADRÃO EXTERNO

Padões Externos	Soluções de calibração					
	1	2	3	5	5	6
Monooleína (mg/L)	50	25	100	75	10	5
Dioleína (mg/L)	50	25	100	75	10	5
Trioleína (mg/L)	50	25	100	75	10	5

Para as soluções mãe os padrões foram diluídos em piridina para garantir a solubilidade do meio. Na diluição das soluções de calibração foi utilizado n-heptano e em cada uma dessas soluções foi adicionado 100 µL do derivatizante MSTFA. Após este procedimento, a solução foi agitada e deixada em temperatura ambiente por 15 minutos para favorecer a reação de sililação. As soluções foram feitas utilizando pipetas automáticas, em que as quantidades foram transferidas diretamente para o frasco de amostragem (*vial* âmbar de 2 mL) e pesadas a cada adição para diminuir os erros volumétricos de pesagem.

No preparo das amostras foi utilizada a solução mãe previamente preparada, conforme mencionado anteriormente, e a partir destas preparou-se a solução diluída a ser injetada:

- Solução mãe: 5 mg de amostra / 1000 μL de n-heptano
- Diluição: 500 μL de solução mãe / 500 μL de n-heptano

Para determinação dos picos de mono, di e tri utilizou-se as faixas de tempo de retenção que foram previamente estabelecidas utilizando-se vários padrões.

No Apêndice 1 são apresentadas as curvas de calibração obtidas no presente trabalho para cada um dos componentes (padrões externos) utilizados.

3.2.2 Métodos experimentais

3.2.2.1 Reações de hidrólise em reator batelada

As reações de hidrólise foram realizadas adicionando-se a um reator de vidro encamisado 10 g do óleo de oliva e uma quantidade de água previamente determinada (3 %, 10 % e 20 % da massa de óleo). A mistura foi submetida à agitação magnética (agitador IKA, modelo C-MAG HS4) por 1 hora para homogeneização do meio e para estabilizar a temperatura. Após este período foi adicionado 1,36 % de enzima em relação a massa do substrato (óleo + água). As quantidades de substratos (azeite e água) e da enzima foram pesados em uma balança de precisão (Marte, modelo AM220).

Nas figuras 3.3 e 3.4 são mostrados o reator de vidro encamisado e agitador magnético com o banho termostatizado, respectivamente, ambos utilizados na reação de hidrólise.

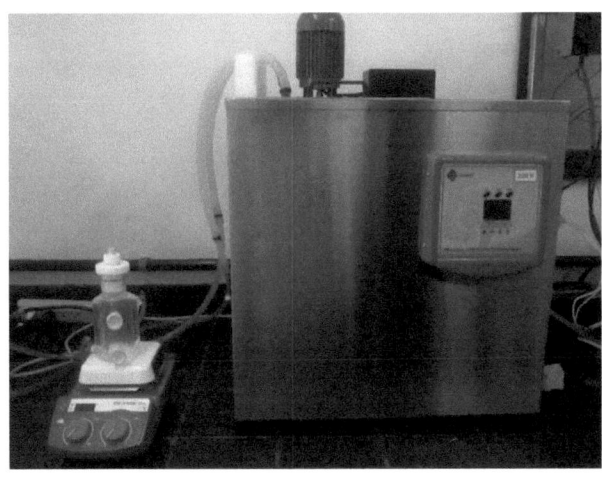

FIGURA 3.3 - AGITADOR MAGNÉTICO, REATOR DE VIDRO ENCAMISADO E BANHO TERMOSTATIZADO UTILIZADOS NA REAÇÃO DE HIDRÓLISE

FIGURA 3.4 - REATOR DE VIDRO ENCAMISADO UTILIZADO NAS REAÇÕES DE HIDRÓLISE

Todas as reações foram conduzidas sob agitação magnética constante (400 rpm) por 24 horas, mantidas a temperatura constate de 55 ºC por meio de um banho termostatizado. Ao final de 24 horas o meio reacional foi filtrado utilizando-se n-hexano e posteriormente evaporada em rotaevaporador (Fisatom 801), para eliminação do hexano.

Para obtenção de cinética da hidrólise, conforme descrito nos itens 3.2.2.1 e 3.2.2.2, foram conduzidas as reações em batelada alimentada variando-se a concentração de água (3%,10% e 20% em relação a massa de óleo) e mantendo constante a quantidade de enzima (1,36% da massa de substrato) e temperatura (55ºC). Esses parâmetros foram determinados pelo estudo feito por Voll *et al.*, (2012).

Para construção da curva cinética foram retiradas amostras a cada 4 horas e estas tituladas (conforme itens 3.2.1.1 e 3.2.1.2) para determinação de acidez. A primeira amostra foi retirada após 2 horas do início da reação.

3.2.2.2 Reações de hidrólise em batelada alimentada

As reações de hidrólise por operação batelada alimentada foram realizadas adicionando-se a um reator de vidro encamisado 10 g do óleo de oliva e a quantidade de água estipulada (20 % da massa de óleo, ou seja, 2 g) foi colocada em uma bureta. Adicionou-se 1,36 % de enzima em relação à massa do substrato (óleo + água). A água foi então adicionada ao meio reacional em pequenas quantidades (0,08 g), em intervalos de tempo de 60 minutos.

3.2.3 Modelo cinético da reação de hidrólise do óleo de oliva

O modelo cinético utilizado nas simulações de reação batelada foi baseado no modelo proposto por Voll *et al.* (2012) (Eqs. (24) - (30)), o qual considera o efeito da concentração de enzima na cinética da reação. Uma vez que foi utilizado uma concentração de enzima constante nos experimentos deste trabalho, o parâmetro de "concentração de enzima" apresentado no trabalho de Voll *et al.* (2012) foi agrupado com as "taxas de constantes aparentes", resultando em novas "constantes aparentes" (U_r), que são válidas para a concentração de enzima utilizada neste trabalho. Tal modificação resultou no seguinte conjunto de equações diferenciais:

$$\frac{d[TAG]}{dt} = \frac{\left(-U_1 \cdot [TAG] \cdot [H_2O] + U_2 \cdot [DAG] \cdot [FFA]\right)}{\begin{pmatrix} 1 + K_1 \cdot [TAG] \cdot [H_2O] + K_2 \cdot [DAG] \cdot [FFA] \\ + K_3 \cdot [DAG] \cdot [H_2O] + K_4 \cdot [MAG] \cdot [FFA] \\ + K_5 \cdot [MAG] \cdot [H_2O] + K_6 \cdot [G] \cdot [FFA] + K_7 \cdot [H_2O']^2 \end{pmatrix}} \tag{33}$$

$$\frac{d[DAG]}{dt} = \frac{\begin{pmatrix} U_1 \cdot [TAG] \cdot [H_2O] - U_2 \cdot [DAG] \cdot [FFA] \\ -U_3 \cdot [DAG] \cdot [H_2O] + U_4 \cdot [MAG] \cdot [FFA] \end{pmatrix}}{\begin{pmatrix} 1 + K_1 \cdot [TAG] \cdot [H_2O] + K_2 \cdot [DAG] \cdot [FFA] \\ + K_3 \cdot [DAG] \cdot [H_2O] + K_4 \cdot [MAG] \cdot [FFA] \\ + K_5 \cdot [MAG] \cdot [H_2O] + K_6 \cdot [G] \cdot [FFA] + K_7 \cdot [H_2O']^2 \end{pmatrix}} \tag{34}$$

$$\frac{d[MAG]}{dt} = \frac{\begin{pmatrix} U_3 \cdot [DAG] \cdot [H_2O] - U_4 \cdot [MAG] \cdot [FFA] \\ -U_5 \cdot [MAG] \cdot [H_2O] + U_6 \cdot [G] \cdot [FFA] \end{pmatrix}}{\begin{pmatrix} 1 + K_1 \cdot [TAG] \cdot [H_2O] + K_2 \cdot [DAG] \cdot [FFA] \\ + K_3 \cdot [DAG] \cdot [H_2O] + K_4 \cdot [MAG] \cdot [FFA] \\ + K_5 \cdot [MAG] \cdot [H_2O] + K_6 \cdot [G] \cdot [FFA] + K_7 \cdot [H_2O']^2 \end{pmatrix}} \tag{35}$$

$$\frac{d[FFA]}{dt} = \frac{\begin{pmatrix} U_1 \cdot [TAG] \cdot [H_2O] - U_2 \cdot [DAG] \cdot [FFA] + U_3 \cdot [DAG] \cdot [H_2O] \\ -U_4 \cdot [MAG] \cdot [FFA] + U_5 \cdot [MAG] \cdot [H_2O] - U_6 \cdot [G] \cdot [FFA] \end{pmatrix}}{\begin{pmatrix} 1 + K_1 \cdot [TAG] \cdot [H_2O] + K_2 \cdot [DAG] \cdot [FFA] \\ + K_3 \cdot [DAG] \cdot [H_2O] + K_4 \cdot [MAG] \cdot [FFA] \\ + K_5 \cdot [MAG] \cdot [H_2O] + K_6 \cdot [G] \cdot [FFA] + K_7 \cdot [H_2O']^2 \end{pmatrix}} \tag{36}$$

$$\frac{d[G]}{dt} = \frac{\left(U_5 \cdot [MAG] \cdot [H_2O] - U_6 \cdot [G] \cdot [FFA]\right)}{\begin{pmatrix} 1 + K_1 \cdot [TAG] \cdot [H_2O] + K_2 \cdot [DAG] \cdot [FFA] \\ + K_3 \cdot [DAG] \cdot [H_2O] + K_4 \cdot [MAG] \cdot [FFA] \\ + K_5 \cdot [MAG] \cdot [H_2O] + K_6 \cdot [G] \cdot [FFA] + K_7 \cdot [H_2O']^2 \end{pmatrix}} \tag{37}$$

$$\frac{d[H_2O]}{dt} = \frac{\begin{pmatrix} -U_1 \cdot [TAG] \cdot [H_2O] \\ +U_2 \cdot [DAG] \cdot [FFA] \\ -U_3 \cdot [DAG] \cdot [H_2O] \\ +U_4 \cdot [MAG] \cdot [FFA] \\ -U_5 \cdot [MAG] \cdot [H_2O] \\ +U_6 \cdot [G] \cdot [FFA] \end{pmatrix}}{\begin{pmatrix} 1 + K_1 \cdot [TAG] \cdot [H_2O] \\ +K_2 \cdot [DAG] \cdot [FFA] \\ +K_3 \cdot [DAG] \cdot [H_2O] \\ +K_4 \cdot [MAG] \cdot [FFA] \\ +K_5 \cdot [MAG] \cdot [H_2O] \\ +K_6 \cdot [G] \cdot [FFA] \\ +K_7 \cdot \left(H_2O + H_2O^{ins}\right)^2 \end{pmatrix}} + \begin{pmatrix} -k_1^A \cdot e^{\left(-k_1^B \cdot x_{surf}^{oil}\right)} \cdot [H_2O] \\ +k_2 \cdot [H_2O^{ins}] \end{pmatrix} \tag{38}$$

$$\frac{d[H_2O^{ins}]}{dt} = k_1^A \cdot e^{\left(-k_1^B \cdot x_{surf}^{oil}\right)} \cdot [H_2O] - k_2 \cdot [H_2O^{ins}] \tag{39}$$

Para simulação da reação de hidrólise em batelada alimentada o modelo anterior foi modificado, assim um fluxo de massa de água de entrada constante (m_inlet) foi levado em consideração:

$$\frac{d[TAG]}{dt} = \frac{\left(-U_1 \cdot [TAG] \cdot [H_2O] + U_2 \cdot [DAG] \cdot [FFA]\right)}{\begin{pmatrix} 1 + K_1 \cdot [TAG] \cdot [H_2O] + K_2 \cdot [DAG] \cdot [FFA] \\ + K_3 \cdot [DAG] \cdot [H_2O] + K_4 \cdot [MAG] \cdot [FFA] \\ + K_5 \cdot [MAG] \cdot [H_2O] + K_6 \cdot [G] \cdot [FFA] \\ + K_7 \cdot [H_2O^t]^2 \end{pmatrix}} - \frac{m_{inlet} \cdot [TAG]}{m_T} \tag{40}$$

$$\frac{d[DAG]}{dt} = \frac{\begin{pmatrix} U_1 \cdot [TAG] \cdot [H_2O] - U_2 \cdot [DAG] \cdot [FFA] \\ -U_3 \cdot [DAG] \cdot [H_2O] + U_4 \cdot [MAG] \cdot [FFA] \end{pmatrix}}{\begin{pmatrix} 1 + K_1 \cdot [TAG] \cdot [H_2O] + K_2 \cdot [DAG] \cdot [FFA] \\ + K_3 \cdot [DAG] \cdot [H_2O] + K_4 \cdot [MAG] \cdot [FFA] \\ + K_5 \cdot [MAG] \cdot [H_2O] + K_6 \cdot [G] \cdot [FFA] \\ + K_7 \cdot [H_2O^t]^2 \end{pmatrix}} - \frac{m_{inlet} \cdot [DAG]}{m_T} \tag{41}$$

$$\frac{d[MAG]}{dt} = \frac{\begin{pmatrix} U_3 \cdot [DAG] \cdot [H_2O] - U_4 \cdot [MAG] \cdot [FFA] \\ -U_5 \cdot [MAG] \cdot [H_2O] + U_6 \cdot [G] \cdot [FFA] \end{pmatrix}}{\begin{pmatrix} 1 + K_1 \cdot [TAG] \cdot [H_2O] + K_2 \cdot [DAG] \cdot [FFA] \\ + K_3 \cdot [DAG] \cdot [H_2O] + K_4 \cdot [MAG] \cdot [FFA] \\ + K_5 \cdot [MAG] \cdot [H_2O] + K_6 \cdot [G] \cdot [FFA] \\ + K_7 \cdot [H_2O^t]^2 \end{pmatrix}} - \frac{m_{inlet} \cdot [MAG]}{m_T} \tag{42}$$

$$\frac{d[FFA]}{dt} = \frac{\begin{pmatrix} U_1 \cdot [TAG] \cdot [H_2O] \\ -U_2 \cdot [DAG] \cdot [FFA] \\ +U_3 \cdot [DAG] \cdot [H_2O] \\ -U_4 \cdot [MAG] \cdot [FFA] \\ +U_5 \cdot [MAG] \cdot [H_2O] \\ -U_6 \cdot [G] \cdot [FFA] \end{pmatrix}}{\begin{pmatrix} 1 + K_1 \cdot [TAG] \cdot [H_2O] + K_2 \cdot [DAG] \cdot [FFA] \\ + K_3 \cdot [DAG] \cdot [H_2O] + K_4 \cdot [MAG] \cdot [FFA] \\ + K_5 \cdot [MAG] \cdot [H_2O] + K_6 \cdot [G] \cdot [FFA] \\ + K_7 \cdot [H_2O^t]^2 \end{pmatrix}} - \frac{m_{inlet} \cdot [FFA]}{m_T} \tag{43}$$

$$\frac{d[G]}{dt} = \frac{\left(U_5 \cdot [MAG] \cdot [H_2O] - U_6 \cdot [G] \cdot [FFA] \right)}{\begin{pmatrix} 1 + K_1 \cdot [TAG] \cdot [H_2O] + K_2 \cdot [DAG] \cdot [FFA] \\ + K_3 \cdot [DAG] \cdot [H_2O] + K_4 \cdot [MAG] \cdot [FFA] \\ + K_5 \cdot [MAG] \cdot [H_2O] + K_6 \cdot [G] \cdot [FFA] \\ + K_7 \cdot [H_2O^t]^2 \end{pmatrix}} - \frac{m_{inlet} \cdot [G]}{m_T} \tag{44}$$

$$\frac{d[H_2O]}{dt} = \frac{\begin{pmatrix} -U_1 \cdot [TAG] \cdot [H_2O] \\ +U_2 \cdot [DAG] \cdot [FFA] \\ -U_3 \cdot [DAG] \cdot [H_2O] \\ +U_4 \cdot [MAG] \cdot [FFA] \\ -U_5 \cdot [MAG] \cdot [H_2O] \\ +U_6 \cdot [G] \cdot [FFA] \end{pmatrix}}{\begin{pmatrix} 1 + K_1 \cdot [TAG] \cdot [H_2O] \\ + K_2 \cdot [DAG] \cdot [FFA] \\ + K_3 \cdot [DAG] \cdot [H_2O] \\ + K_4 \cdot [MAG] \cdot [FFA] \\ + K_5 \cdot [MAG] \cdot [H_2O] \\ + K_6 \cdot [G] \cdot [FFA] \\ + K_7 \cdot \left(H_2O + H_2O^{ins} \right)^2 \end{pmatrix}} + \begin{pmatrix} -k_1^A \cdot e^{(-k_1^B \cdot x_{surf}^{oil})} \cdot [H_2O] \\ + k_2 \cdot [H_2O^{ins}] \end{pmatrix} - \frac{m_{inlet} \cdot [H_2O]}{m_T} \tag{45}$$

$$\frac{d[H_2O^{ins}]}{dt} = k_1^A \cdot e^{(-k_1^B \cdot x_{surf}^{oil})} \cdot [H_2O] - k_2 \cdot [H_2O^{ins}] + \frac{m_{inlet} \cdot ([H_2O_{inlet}] - [H_2O^{ins}])}{m_T} \tag{46}$$

$$\frac{dm_T}{dt} = m_{inlet} \tag{47}$$

Onde $[H_2O_{inlet}]$ é a concentração de água no fluxo de entrada (55.5 mmol/g) e m_T é a massa total de substratos e produtos no sistema.

3.2.3.1 Métodos numéricos

Os parâmetros do modelo foram estimados a partir de ajuste do modelo aos dados experimentais através da minimização da seguinte função objetivo:

$$fob = \sum_{o}^{NOBS} \sum_{i}^{NC} (w_{io}^{exp} - w_{io}^{calc})^2 \tag{48}$$

As frações de massa presentes na equação (16) são consideradas em base livre de glicerol e água. Um algoritmo foi desenvolvido no Matlab 7.0 para o processo de estimação de parâmetros. A subrotina "ode23s" (Matlab 7.0 *library tools*) foi empregado para a resolução numérica das equações diferenciais e a subrotina "fminsearch" (Matlab 7.0 *library tools*) foi utilizado para a minimização da função objetivo. Para o ajuste dos parâmetros foram utilizados três conjuntos de dados experimentais, realizando 108 dados experimentais de concentrações de TAG, DAG, MAG e AGL.

4. RESULTADOS E DISCUSSÃO

Neste capítulo são apresentados os resultados dos experimentos realizados em sistema batelada e batelada alimentada, o ajuste de parâmetros do modelo cinético proposto e por fim, os resultados e discussões referentes ao efeito da concentração de água em reações de hidrólise do óleo de oliva em sistema batelada e batelada alimentada. Os resultados analíticos estão apresentados nos apêndices 1, 2 e 3.

4.1 EXPERIMENTOS EM BATELADA

Os experimentos em sistema batelada foram realizados com aproximadamente 10g de óleo, 1,36% de enzima (em relação a massa de substrato) e diferentes concentrações de água (3%, 10% e 20% em relação a massa de óleo). A cada 4 horas foram retiradas amostras para análise de acidez e quantificação por cromatografia gasosa de MAG, DAG e TAG presentes em cada amostra. No apêndice 3 estão apresentados dois cromatogramas de amostras retiradas em tempos diferentes de uma mesma reação para exemplificação.

4.2 MODELAGEM DA CINÉTICA: AJUSTE DE PARÂMETROS

Os parâmetros ajustados do modelo cinético proposto são apresentados nas Tabelas 4.1 e 4.2. Os valores para o desvio quadrático médio (rmsd), calculado a partir da Equação (25), foram de 5,93 % em massa para TAG, 2,98% em massa para DAG, 2,79% em massa para MAG e de 2,41% em massa para AGL. Os valores obtidos de rmsd relativamente baixos indicam que o modelo é capaz de correlacionar os dados experimentais e descrever a hidrólise sob as condições reacionais estudadas.

$$rmsd_i = \sqrt{\frac{\sum_{o}^{NOBS} \left(w_{io}^{exp} - w_{io}^{calc}\right)^2}{NOBS}}$$

(54)

TABELA 4.1 - PARÂMETROS ESTIMADOS DO MODELO CINÉTICO DE HIDRÓLISE DO ÓLEO DE OLIVA CATALISADA POR LIPOZYME IM

r	K_r (g-substrato^2/mmol^2)	U_r (g-substrato/(mmol.h))
1	1950.2	332.5
2	1.28×10^{-1}	4.34×10^{-2}
3	26746.4	1555.6
4	14451.6	2934.0
5	4.1	6221.3
6	76234.3	10514.4

TABELA 4.2 - PARÂMETROS ESTIMADOS COMPLEMENTARES DO MODELO CINÉTICO DE HIDRÓLISE DO ÓLEO DE OLIVA CATALISADA POR LIPOZYME IM

Parâmetro	Valor
k_1^A (g-substrato/(mmol$_{H2O}$.h))	1.292×10^9
k_1^B	189.3
k_2 (g-substrato/(mmol$_{H2O}$.h))	13.3
K_7 (g-substrato^2/mmol^2)	45.2

Os resultados experimentais obtidos, em termos de ácido graxo livre, foram comparados com os valores calculados a partir do modelo cinético proposto. É importante destacar que o modelo matemático utilizado para simular o processo de alimentação descontínua é ligeiramente diferente do modelo cinético inicial. O mesmo foi alterado para incluir os acréscimos de água (0,08 g de água a cada 60 minutos) na reação em batelada alimentada.

4.3 EFEITO DA CONCENTRAÇÃO DE ÁGUA

Para avaliar o efeito da concentração de água na hidrólise parcial do óleo de oliva foram realizados experimentos a 55°C e concentração de enzima de 1,36 m% (em relação à massa dos substratos: água + óleo). Nas Figuras 4.1, 4.2 e 4.3 são apresentados os valores experimentais e os calculados pelo modelo para os perfis de TAG, DAG, MAG e AGL durante a reação de hidrólise, para as concentrações iniciais de água de 3 m%, 10 m% e 20 m% (em relação à massa de óleo oliva), respectivamente.

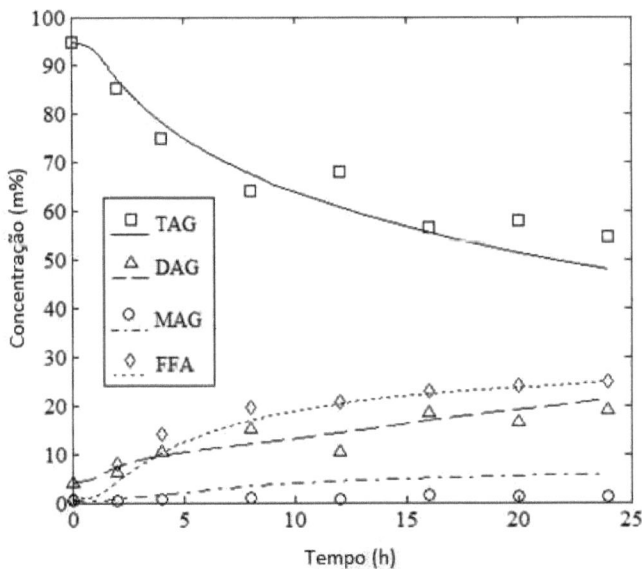

FIGURA 4.1 – CONCENTRAÇÃO (EXPERIMENTAL E PREDITA) DE ACILGLICERÓIS E ÁCIDOS GRAXOS LIVRES OBTIDA A PARTIR DA HIDRÓLISE PARCIAL DO ÓLEO DE OLIVA COM LIPOZYME RM IM EM FUNÇÃO DO TEMPO DE REAÇÃO A 55°C; 1,36 M% ENZIMA/SUBSTRATO; 3 M% ÁGUA/ÓLEO. DADOS EM BASE LIVRE DE ÁGUA E GLICEROL

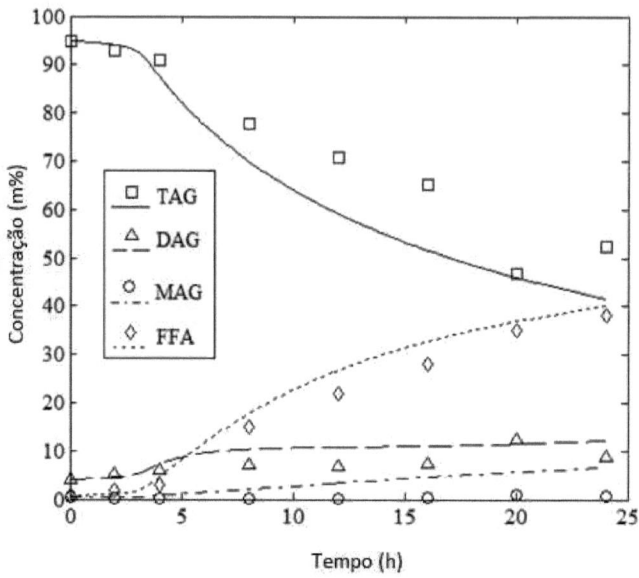

FIGURA 4.2 – CONCENTRAÇÃO (EXPERIMENTAL E PREDITA) DE ACILGLICERÓIS E ÁCIDOS GRAXOS LIVRES OBTIDA A PARTIR DA HIDRÓLISE PARCIAL DO ÓLEO DE OLIVA COM LIPOZYME RM IM EM FUNÇÃO DO TEMPO DE REAÇÃO A 55°C; 1,36 M% ENZIMA/SUBSTRATO; 10 M% ÁGUA/ÓLEO. DADOS EM BASE LIVRE DE ÁGUA E GLICEROL.

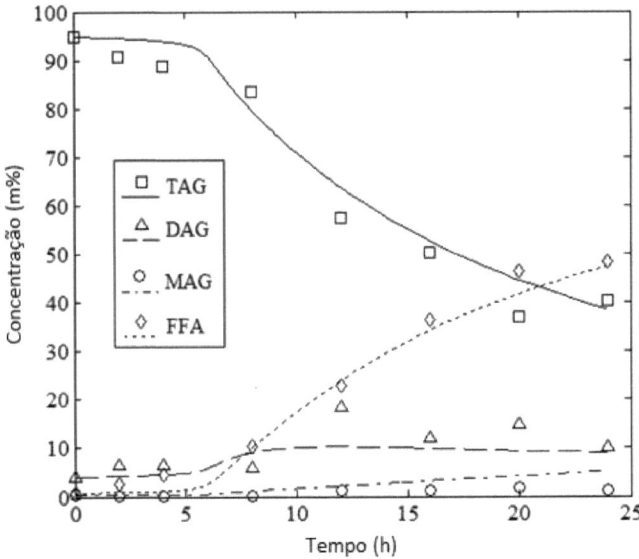

FIGURA 4.3 – CONCENTRAÇÃO (EXPERIMENTAL E PREDITA) DE ACILGLICERÓIS E ÁCIDOS GRAXOS LIVRES OBTIDA A PARTIR DA HIDRÓLISE PARCIAL DO ÓLEO DE OLIVA COM LIPOZYME RM IM EM FUNÇÃO DO TEMPO DE REAÇÃO A 55°C; 1,36 M% ENZIMA/SUBSTRATO; 20 M% ÁGUA/ÓLEO. DADOS EM BASE LIVRE DE ÁGUA E GLICEROL.

As Figuras 4.1, 4.2 e 4.3 mostram graficamente a boa concordância e reprodutibilidade entre os dados experimentais e o modelo cinético proposto. Pode-se observar nestas figuras que, nas condições experimentais estudadas, obteve-se maior rendimento de DAG nos experimentos com menor concentração de água (3%). Este fato é esperado, uma vez que o excesso de água no sistema promove a hidrólise de produtos parciais para produzir ácidos graxos livres e glicerol. O rendimento de AGL foi maior quando uma maior concentração de água foi utilizada. Este comportamento pode ser explicado pelo fato da hidrólise dos DAGs ocorrer de forma mais rápida que a hidrólise de TAG, assim, havendo excesso de água no meio e DAG formado, este é hidrolisado para MAG e AGL; e o MAG é rapidamente hidrolisado para AGL e glicerol. Quando foram utilizadas concentrações menores de água e esta consequentemente não se encontrava em excesso, a esterificação de MAG E AGL é favorecida, formando DAG. Ao mesmo tempo como não há água em excesso, as reações de hidrólise do DAG são menos intensificadas.

Pode ser observado ainda, a partir das Figuras 4.1, 4.2 e 4.3, que nos experimentos com concentrações iniciais de água mais elevadas obteve-se maior acidez final, este comportamento pode ser explicado pelo fato de que, no experimento com apenas 3% de água em relação a massa de óleo, ao final da reação não havia água suficiente para formação da interface necessária a manutenção da atividade enzimática. Segundo Santos (2011), é necessário que durante a reação de hidrólise se tenha disponibilidade de uma quantidade mínima de água que envolva a enzima e hidrate o seu sítio ativo, o que a formação da interface local necessária para a ativação da lípase. Este resultado está ainda de acordo com Faria (2010), que afirmou que em meios com restrição de água ocorre a reação inversa, ou seja, a formação das ligações ésteres.

Ainda em relação às Figuras 4.1 – 4.3, é possível perceber que nas primeiras horas de reação uma maior acidez é obtida utilizando-se a menor concentração inicial de água. Isto porque o excesso de água reduz a velocidade da reação de hidrólise devido ao efeito de inibição reversível da enzima. Além disso, verifica-se que o experimento com maior concentração de água (20%) sofreu reação de hidrólise mais lenta (Figura 4.3). Esse comportamento foi observado, provavelmente, devido ao efeito de inibição reversível causado pelo excesso de água. O modelo cinético proposto por Voll et al. (2012) indica a existência dessa inibição.

Em relação às velocidades reacionais é possível observar que, ainda em relação às Figuras 4.1 – 4.3, nos três experimentos realizados não se alcançou a velocidade inicial máxima de consumo de TAG. Nas primeiras horas das reações de hidrólise enzimática do óleo de oliva, foi observado o período de indução, o que pode ser atribuído a miscibilidade limitada da água no óleo (SATYARTHI, 2011). A reação teve um início lento, e conforme moléculas de DAG e MAG foram formadas, a miscibilidade de água no óleo foi favorecida, promovendo maior contato entre as fases resultando no aumento da velocidade de reação. Segundo Voll (2011) após certo tempo de reação, os substratos são consumidos e as velocidades de reação se tornam mais lentas, tendendo a zero quando a reação se aproxima da condição de equilíbrio.

Na Figura 4.4 são apresentados os perfis de AGL para as três distintas condições iniciais de água. É possível observar os diferentes tempos de indução para estas diferentes concentrações iniciais de água. Assim como nos resultados experimentais os perfis de AGL apresentados indicam que a reação de hidrólise enzimática com 20% de água apresentou maior tempo de indução quando comparada aos resultados do modelo para as reações com 3% e 10% de água, esse comportamento é observado devido ao excesso de água que causa inibição enzimática. Ainda de acordo com os resultados obtidos nos experimentos, os perfis de AGL mostram que é possível obter maior acidez final em reação com concentração de água maior, isso porque na reação com menor concentração de água não há substrato suficiente para que a hidrólise continue acontecendo.

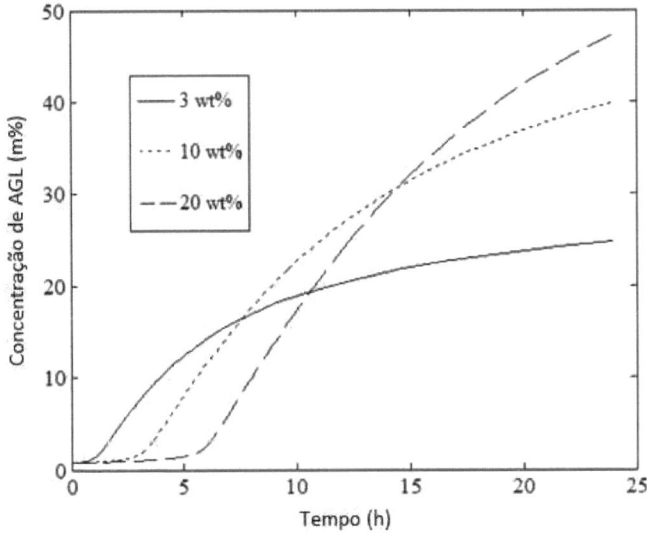

FIGURA 4.4 – RESULTADOS DO MODELO PARA DIFERENTES CONCENTRAÇÕES INICIAIS DE ÁGUA. RESULTADOS SÃO TODOS ÁCIDOS GRAXOS LIVRES

Conforme mencionado anteriormente, neste trabalho foram realizadas simulações em batelada alimentada para a hidrólise do óleo de oliva e os resultados comparados a ensaios experimentais realizados em bancada (item 3.2.2.2). Estas simulações foram executadas a partir do modelo cinético ajustado aos dados obtidos em batelada. Na Figura 4.5 são apresentados os valores calculados pelo modelo para a cinética em batelada alimentada e estes são comparados aos valores experimentais obtidos. Estes valores estão apresentados em termos de ácido graxo livre (AGL). A partir desta figura observa-se que os resultados previstos pelo modelo estão de acordo com os valores experimentais. Desta forma, o modelo cinético proposto é capaz de descrever o comportamento desta reação em sistema de batelada alimentada.

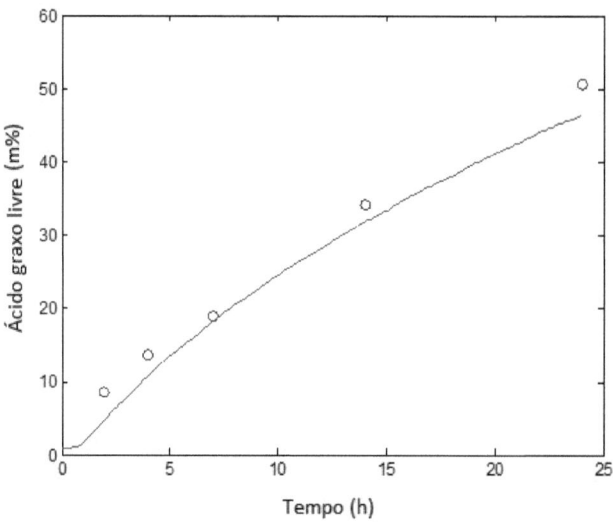

FIGURA 4.5 – PERFIL DE ÁCIDO GRAXO LIVRE DURANTE A BATELADA ALIMENTADA, EM BASE LIVRE DE ÁGUA E GLICEROL. PONTOS SÃO DADOS EXPERIMENTAIS E LINHA CONTÍNUA É O MODELO.

Na Figura 4.6 são comparados os perfis da reação de hidrólise do óleo de oliva, em termos de AGL, para as duas abordagem utilizadas - batelada e batelada alimentada. Pode-se observar a diferença entre as abordagem de configuração reacional, principalmente nas primeiras horas de reação. O uso do sistema batelada alimentada evita o tempo de indução, pois permite o uso de concentração de água suficiente para manter a atividade enzimática favorecendo as reações de hidrólise. Além disso, esta estratégia possibilita a adição de pequenas quantidades de água em intervalos de tempo definidos. O que evita o excesso de água no meio reacional diminuindo o efeito de inibição reversível da enzima e propicia maiores valores de acidez livre nas primeiras horas de reação. Corazza et al. (2003) estudaram uma reação de hidrólise enzimática da celobiose para produção de glicose e obtiveram resultados que também indicaram vantagens da utilização de processo em batelada alimentada.

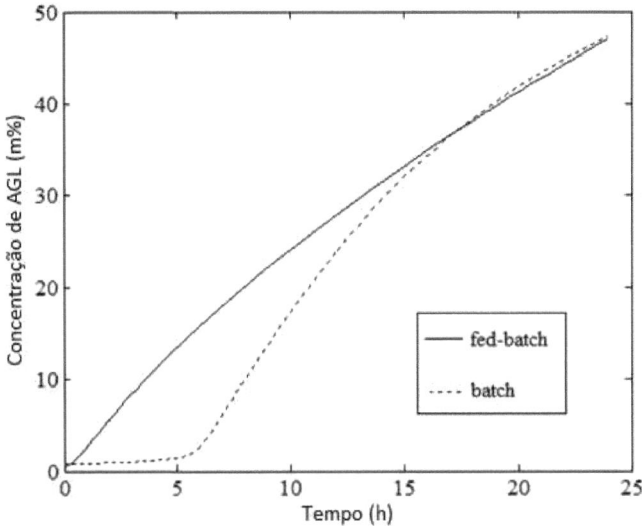

FIGURA 4.6 – COMPARAÇÃO ENTRE BATELADA COM 20% (VERDE) E SEMIBATELADA (PRETO) PARA A MESMA QUANTIDADE DE ÁGUA ALIMENTADA NA REAÇÃO. BATELADA SIMULADA COM 20G DE ÁGUA ADICIONADA DE UMA VEZ EM 100 G DE ÓLEO. SEMIBATELADA SIMULADA COM 0,825 G/H DE ALIMENTAÇÃO DE ÁGUA DURANTE 24 HORAS. OS DOIS RESULTADOS SÃO EM ÁCIDOS GRAXOS LIVRES

Os resultados simulados para os perfis de acilgliceróis durante a reação de hidrólise utilizando sistema batelada alimentada, são ilustrados na Figura 4.7. Percebe-se que o modelo prevê maiores rendimentos de DAG nas primeiras horas de reação quando faz-se uso do sistema semi-batelada. Isso acontece porque como não há água em excesso o período de indução é reduzido e não acontece inibição reversível da enzima, o que facilita a hidrólise de TAG em DAG.

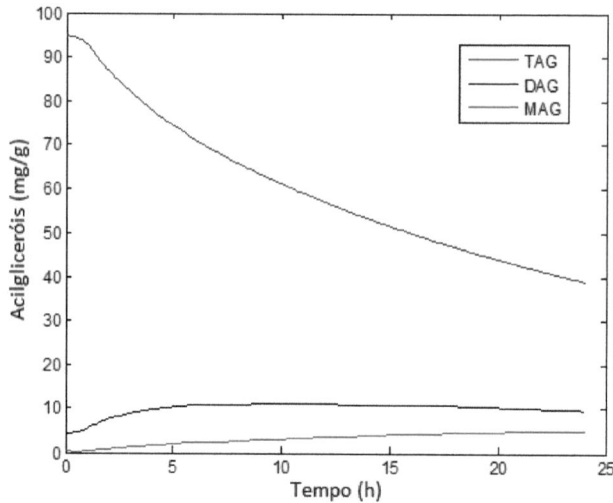

FIGURA 4.7 – VALORES SIMULADOS PARA OS PERFIS DE ACILGLICERÓIS (TAG, DAG E MAG)
DURANTE A BATELADA ALIMENTADA, EM BASE LIVRE DE ÁGUA E GLICEROL.

4.4 CONSIDERAÇÕES GERAIS

A partir dos resultados obtidos neste trabalho, foi confirmado que a concentração de água utilizada é um parâmetro importante em reações de hidrólise enzimática. Em experimentos realizados com maior concentração de água, foi obtido maior rendimento de AGL, isto porque no experimento com apenas 3% de água provavelmente não havia água suficiente ao final da reação para manutenção da atividade enzimática. No entanto, nas primeiras horas de reação foi verificada menor acidez no experimento com elevada concentração de água (20%), este comportamento pode ser explicado pelo fato de acontecer inibição enzimática pelo excesso de água reduzindo a atividade da enzima.

Maior rendimento de DAG foi obtido nos experimentos com menor concentração de água (3%). O fato de não existir excesso de água no sistema é responsável por este resultado, uma vez que promove a hidrólise de produtos parciais para produzir ácidos graxos livres e glicerol.

Os resultados obtidos nas simulações e experimentos utilizando sistema batelada alimentada na reação de hidrólise enzimática do óleo de oliva, mostraram que o uso desta estratégia reduz os efeitos de inibição reversível da enzima e ao mesmo tempo garante a concentração de água necessária para que a atividade enzimática se mantenha.

Outra consideração relevante em relação aos resultados obtidos neste estudo é referente ao modelo cinético proposto que apresentou boa concordância e reprodutibilidade com os dados experimentais e mostrou-se capaz de descrever o comportamento da reação de hidrólise enzimática em sistema de batelada alimentada.

5 CONCLUSÕES

Neste trabalho foi realizado o estudo experimental e teórico sobre a cinética de hidrólise do óleo de oliva em operação batelada e batelada alimentada, em que foram avaliados os efeitos do teor de água na atividade enzimática.

De acordo com os resultados obtidos neste trabalho são apresentadas as seguintes conclusões:

- Foi confirmada a influência da concentração inicial de água na seletividade da produção de DAG e no rendimento de AGL. O uso de altas concentrações iniciais de água no meio favorecem a formação de produto com altas concentrações de AGL e menores concentrações de DAG.

- As velocidades iniciais das reações de hidrólise são baixas, e aumentam com a formação de produtos surfactantes.

- O maior teor de acidez ao final das 24 horas de reação foi obtido no experimento com 20% de água. Entretanto verificou-se maior acidez nas primeiras horas de reação no experimento com apenas 3% de água.

- O uso de batelada alimentada para introdução água reduz os efeitos de inibição da atividade enzimática e ao mesmo tempo garante a formação dos produtos em tempos mais curtos.

- O modelo cinético proposto por Voll *et al.* (2012) e utilizado para descrever a hidrólise enzimática óleo de oliva em sistema batelada e batelada alimentada, em meio livre de solventes, apresentou boa correlação com os dados experimentais obtidos.

De uma maneira geral, no presente trabalho observou-se que a utilização de sistema batelada alimentada em reação de hidrólise enzimática do óleo de oliva pode ser uma alternativa com grande potencial para reduzir os efeitos de inibição enzimática e obter maior rendimento do produto desejado.

6. REFERÊNCIAS

ALVEZ, J. O. **Espectrometria de massas com ionização electrospray (esi-ms) e métodos quimiométricos: caracterização de azeites de oliva (extra virgem e puro) e outros óleos vegetais e quantificação de óleos adulterantes em azeite de oliva extra virgem.** Dissertação de mestrado em engenharia química da Universidade Federal de Minas Gerais, Belo Horizonte, 2010.

AWADALLAK, J. ABD. **Uso de ultrassom na hidrólise enzimática do óleo de palma: síntese de diacilglicerol.** Dissertação de mestrado em engenharia química da Universidade Estadual do Oeste do Paraná, Toledo, 2012.

AWADALLAK, J. A.; VOLL, F.; RIBAS, M. C.; SILVA, C.; FILHO, L. C.; SILVA, E. A. **Enzymatic catalyzed palm oil hydrolysis under ultrasound irradiation: Diacylglycerol synthesis.** Ultrasonics Sonochemistry, v.20, p. 1002-1007, 2013.

BABICZ, I. **Produção de diacilglicerol via hidrólise enzimática do óleo de palma.** Dissertação de mestrado em ciências e tecnologia de processos químicos e bioquímicos da Universidade Federal do Rio de Janeiro, Rio de Janeiro, 2009.

BABICZ, I.; LEITE, S.G.F.; SOUZA, R.O.M.A.; ANTUNES, O.A.C. **Lipase-catalyzed diacylglycerol production under sonochemical irradiation.** Ultrasonics Sonochemistry, v.17, p. 4-6, 2010.

BLASI, F.; COSSIGNANI, L.; SIMONETTI, M.S.; DAMIANI, P. **Biocatalysed synthesis of sn-1,3-diacylglycerol oil from extra virgin olive oil.** Enzyme and Microbial Technology, v. 41, p. 727–732, 2007.

BOYLE, E.; GERMAN, J. B. **Monoglyocrides in Membrane Systems.** Critical Reviews in Food Science and Nutrition, v. 36, p. 785 – 805, 1996.

BORNSCHEUER, U.T. **Lipase-catalyzed syntheses of monoacylglycerols.** Enzyme and Microbial Technology, v. 17, p. 578-586, 1995.

CASTRO, H. F.; MENDES A.A.; SANTOS, J.C.; AGUIAR, C.L., **Modificações de óleos e gorduras por biotransformação.** Química Nova, v. 27, p. 146-156, 2004.

CHATTERJEE, T.; BHATTACHARYYA, D.K. **Synthesis of terpene esters by na immobilized lipase in a solvent-free system.** Biotechnology Letters, v. 20, p. 865-868, 1998.

CHEIRSILP, B.; KAEWTHONG, W.; H-KITTIKUN, A. **Kinetic study of glycerolysis of palm olein for monoacylglycerol production by immobilized lipase.** Biochemical Engineering Journal, v. 35, p. 71–80, 2007.

CHEONG, L.Z.; TAN, C.P.; LONG, K.; YUSSOF, M.S.A.; ARIFIN, N.; LO, .K. LAI, O.M. **Production of a diacylglycerol-enriched palm olein using lipase-catalyzed partial hydrolysis: Optimization using response surface methodology.** Food chemistry, v. 105, p. 1614-1622, 2007.

CORAZZA, F. de C.; MORAES, F. F.; ZANIN, G. M.; NEITZEL, I. **Optimal control in fed-batch reactor for the cellobiose hydrolysis.** Acta Scientiarum Technology, v. 25, p. 33-38, 2003.

FARIA, L. A. **Hidrólise do óleo da amêndoa da macaúba com lipase extracelular de** *colletotrichum gloesporioides* **produzida por fermentação em substrato líquido.** Dissertação de mestrado em ciências de alimentos da Universidade Federal de Minas Gerais, Belo Horizonte, 2010.

FIAMETTI, K.G.; ROVANI, S.; OLIVEIRA, D.; CORAZZA, M.L.; TREICHEL, H.; OLIVEIRA, J.V. **Assessment of variable effects on solvent-free monoacylglycerol enzymatic production in AOT surfactant.** European Journal of Lipid Science and Technology, v. 110, p. 510-515, 2008.

FLACK, E. A.; KROG, N. **The Functions and Applications of Some Emulsifying Agents Commonly Used in Europe.** Food Trade Review, v. 40, p. 27-33, 1970.

FREGOLENTE, P. B. L.; PINTO, G. M. F.; WOLF-MACIEL, M. R.; MACIEL FILHO, R.; BATISTELA, C. B. **Produção de monoglicerídeos e diglicerídeos via glicerólise enzimática e destilação molecular.** Química Nova, v. 32, p. 1539 – 1543, 2009.

FREITAS, L.; BUENO, T.; PEREZ, V.H.; CASTRO, H.F. **Monoglicerideos: producao por via enzimatica e algumas aplicacoes.** Quimica Nova, v. 31, p. 1514 -1521, 2008.

GIOIELLI, L. A. **Óleos e gorduras vegetais: composição e tecnologia.** Revista Brasileira de Farmacologia, p. 211 – 232, 1995.

GUPTA, R.; KUMAR, S.; GOMES, J.; KUHAD, R. C. **Kinetic study of batch and fed-batch enzymatic saccharification of pretreated substrate and subsequent fermentation to ethanol.** Biotechnology for Biofuels, v. 5, p. 16 - 25, 2012.

HODGE, D. B.; KARIM, M. N.; SCHELL, D. J.; MCMILLAN, J. D. **Model-based fed-batch for high-solids enzymatic cellulose hydrolysis.** Applied Biochemistry and Biotechnology, v. 152, p. 88 – 107, 2009.

KRISTENSEN, J.B.; XU, X.; MU, H. **Diacylglycerol synthesis by enzymatic glycerolysis: Screening of commercially available lipase.** Journal of the American Oil Chemists' Society, v. 82, p. 329–334, 2005.

KRUGER, R. L. **Produção de mono e diacilgliceróis a partir da glicerólise enzimática do óleo de oliva.** Tese de Doutorado, Departamento de Engenharia de Alimentos, UFSC – Campus de Florianópolis, 2010.

KRUGUER, R. L.; SYCHOSKI, M.; BALEN, M.; NINOW, J. L.; CORAZZA, M. L. **Estudo da glicerólise enzimática na produção de mono e diacilgliceróis utilizando óleo de oliva.** Ciências Exatas e Naturais, v.13, 2011.

INSTITUTO ADOLFO LUTZ. Normas Analíticas do Instituto Adolfo Lutz. Métodos químicos e físicos para análise de alimentos, v.1, p. 25, 3ª ed. São Paulo: IMESP, 1985.

LIGUORI, R., AMORE, A., & FARACO, V. Waste valorization by biotechnological converseion into added value products. Applied Microbiology and Biotechnology, v. 97, p. 6129 – 6147, 2013

MAKI, K. C.; DAVIDSON, M. H.; TSUSHIMA, R.; MATSUO, N.; TOKIMITSU, I.; UMPOROWICZ, D. M.; DICKLIN, M.R.; FOSTER, G.S.; INGRAM, A.; ANDERSON, B.D.; FROST, S.D.; BELL, M. Consumption of diacyglycerol oil as part of a reduced-energy diet enhances loss if body weight and fat in comparison with consumption of a triacyglycerol control oil. American Journal of Clinical Nutrition, v. 76, p. 1230–1236, 2002.

MATOS, L. M.C.; LEALB, I.C.R.; SOUZA, R.O.M.A. Diacylglycerol synthesis by lipase-catalyzed partial hydrolysis of palm oil under microwave irradiation and continuous flow conditions. Journal of Molecular Catalysis B: Enzymatic, v.72, p. 36-39, 2011.

MURTY, V, R.; BHAT,J.; MUNISWARAN, P. K. A. Hydrolysis of oils by using immobilized lipase enzyme: a review. Biotechnology and Bioprocess Engineering. v. 7, 57-66, 2002.

PAWONGRAT, R.; XU, X.; H-KITTIKUN, A. Synthesis of onoacylglycerol rich in polyunsaturated fatty acids from tuna oil with immobilized lípase AK. Food Chemistry, v. 104, p. 251–258, 2007.

PHUAH, E.T.; LAI, O.M.; CHOONG, T.S.Y.; TAN, C.P; LO, S.K. Kinetic study on partial hydrolysis of palm oil catalyzed by Rhizomucor miehei lípase. Journal of Molecular Catalysis B: Enzymatic , v. 78, 91– 97, 2012.

RAMOS, L. P. & SADDLER, J. N. Enzyme recycling during fed-batch hydrolysis of cellulose derived from steam-exploded Eucalyptus viminalis. Applied Biochemistry and Biotechnology, v. 46, p. 193 – 207, 1994.

RENDÓN, X.; LÓPEZ-MUNGUÍA, A.; CASTILLO, E. Solvent engineering applied to lipase-catalyzed glycerolysis of triolein. Journal of the American Oil Chemists' Society, v. 78, p. 1061–1066, 2001.

SAMBANTHAMURTHI, R; SUNDRAM, K.; TAN Y. Chemistry and biochemistry of palm oil. Progress in Lipid Research, Malaysia, v. 39, p. 507-558, 2000.

SANTOS, J. S. Produção de diacilgliceróis a partir da glicerólise enzimática de óleo de peixe utilizando meio com surfactante de grau alimentício. Dissertação de mestrado em engenharia de alimentos da Universidade Federal de Santa Catarina, Florianópolis, 2011.

SATYARTHI, J.K.; SRINIVAS, D.; RATNASAMY, P. **Hydrolysis of vegetable oils and fats to fatty acids over solid acid catalysts.** Applied Catalysis A: General, v. 391, p. 427-435, 2011.

SCRIMGEOUR, C. **Bailey's Industrial Oil and Fat Products,** 6ª edição, John Wiley & Sons, 2005.

VALÉRIO, A.; KRUGER, R. L.; NINOW, J. L.; CORAZZA, F. C.; OLIVEIRA, D.; OLIVEIRA, J. V.; CORAZZA, M. L. **Kinetics of solvent-free lipase-catalyzed glycerolysis olive oil in surfactant system.** Journal of Agricultural and Food Chemistry, v. 57, p. 8350–8356, 2009.

VILLENEUVE, P.; MUDERHWA, J. M.; GRAILLE, J. et. al. **Customizing lipases or biocatalysis: a survey of chemical physical and molecular biological approaches.** Journal of Molecular Catalysis B: Enzymatic, v. 9, p. 113–148; 2000.

VOLL, F.A.P. **Produção e Separação de Diacilglicerol a partir do Triacilglicerol do Óleo de Palma.** Tese de doutorado em Engenharia Química da Universidade Estadual de Maringá, Maringá, 2011.

VOLL, F. A. P.; ZANETTE, A. F.; CABRAL, V. F.; DARIVA, C.; SOUZA, R. O. M. A.; FILHO, L. C.; CORAZZA, M. L. **Kinetic Modeling of Solvent-Free Lipase-Catalyzed Partial Hydrolysis of Palm Oil.** Applied Biochemistry and Biotechnology, v. 168, p. 1121-1142, 2012.

VOLL, J.C; BRITO, M.N. **Metabolismo e caracteristicas nutricionais do oleo 1,3-diacilglicerol.** Revista Saúde e Pesquisa, v.3, p. 121-126, 2010.

YANAI, H.; TOMONO, Y.; ITO K.; FURUTANI N.; YOSHIDA, H.; TADA, N.; **Diacylglycerol oil for the metabolic syndrome.** Nutrition Journal, v. 6, p. 43, 2007.

YASUKAWA, T.; KATSURAGI, Y.; MATSUO, N.; FLICKINGER, B. D.; TOKIMITSU, I., MATLOCK, M. G. **Diacylglycerol oil.** AOCS Press: Champaign, p. 1-15, 2004.

APÊNDICES

APÊNDICE 1 - DETERMINAÇÃO DE ACIDEZ POR TITULAÇÃO ÁCIDO-BASE

Os resultados da determinação de acidez de cada amostra, expresso em pocentagem mássica de ácido graxo livre estão apresentados nas Tabelas 6 e 7.

TABELA A1 – ACIDEZ EXPERIMENTAL OBTIDA A PARTIR DA HIDRÓLISE PARCIAL DO ÓLEO DE OLIVA COM LIPOZYME RM IM EM FUNÇÃO DO TEMPO DE REAÇÃO A 55 °C; 1,36 M% ENZIMA/SUBSTRATO; 3M%, 10M% E 20 M% ÁGUA/ÓLEO. DADOS EM BASE LIVRE DE ÁGUA E GLICEROL

Tempo (horas)	Acidez		
	3%	10%	20%
2	7,98%	1,76%	2,70%
4	14,05%	2,86%	4,46%
8	19,52%	9,83%	10,49%
12	20,87%	11,14%	22,99%
16	23,04%	13,45%	36,49%
20	24,10%	29,37%	46,31%
24	24,81%	30,30%	48,41%

TABELA A2 – ACIDEZ EXPERIMENTAL OBTIDA A PARTIR DA HIDRÓLISE PARCIAL DO ÓLEO DE OLIVA COM LIPOZYME RM IM, POR OPERAÇÃO BATELADA ALIMENTADA, EM FUNÇÃO DO TEMPO DE REAÇÃO A 55 °C; 1,36 M% ENZIMA/SUBSTRATO; 20 M% ÁGUA/ÓLEO. DADOS EM BASE LIVRE DE ÁGUA E GLICEROL.

Tempo	Acidez
2	8,91%
4	13,47%
7	17,16%
14	30,91%
24	45,88%

APÊNDICE 2 - DETERMINAÇÃO DE ACIDEZ POR TITULAÇÃO POTENCIOMÉTRICA

Os resultados da determinação de acidez de cada amostra, obtidos por titulação potenciométrica, expresso em porcentagem mássica de ácido graxo livre estão apresentados na Tabela 8 e 9.

TABELA A3 – ACIDEZ EXPERIMENTAL POR TITULAÇÃO POTENCIOMÉTRICA OBTIDA A PARTIR DA HIDRÓLISE PARCIAL DO ÓLEO DE OLIVA COM LIPOZYME RM IM EM FUNÇÃO DO TEMPO DE REAÇÃO A 55 °C; 1,36 M% ENZIMA/SUBSTRATO; 3 M%, 10M% E 20 M% ÁGUA/ÓLEO. DADOS EM BASE LIVRE DE ÁGUA E GLICEROL

Tempo (horas)	Acidez		
	3%	10%	20%
2	8,14%	1,45%	2,06%
4	13,87%	2,03%	4,00%
8	19,41%	10,28%	25,12%
12	21,13%	10,89%	23,02%
16	23,04%	13,17%	37,10%
20	23,89%	28,94%	45,13%
24	25,06%	30,47%	48,27%

TABELA A4 – ACIDEZ EXPERIMENTAL POR TITULAÇÃO POTENCIOMÉTRICA OBTIDA A PARTIR DA HIDRÓLISE PARCIAL DO ÓLEO DE OLIVA COM LIPOZYME RM IM, POR OPERAÇÃO BATELADA ALIMENTADA, EM FUNÇÃO DO TEMPO DE REAÇÃO A 55 °C; 1,36 M% ENZIMA/SUBSTRATO; 20 M% ÁGUA/ÓLEO. DADOS EM BASE LIVRE DE ÁGUA E GLICEROL

Tempo	Acidez
2	9,04%
4	13,58%
7	16,94%
14	31,09%
24	46,20%

Os resultados de acidez obtidos através de titulação potenciométrica foram utilizados para validar os resultados de titulação ácido-base. Apresentando pouca variação entre os resultados dos dois métodos, utilizou-se para o modelo os valores de acidez obtidos por titulação ácido-base.

APÊNDICE 3 - ANÁLISE DE MAGS, DAGS, TAGS E AGLS POR CROMATOGRAFIA GASOSA

Validação das curvas de calibração

As equações obtidas através das curvas padrões (concentração X área), para cada analito (MAG, DAG e TAG), estão ilustradas nas figuras 14, 15 e 16. Sendo Y a concentração (mg/mL) do analito e X a área (UA), as equação obtidas, para MAG, DAG e TAG respectivamente, foram:

$$y = 2285809872\ x - 196533 \tag{49}$$
$$y = 6742043386\ x - 116169 \tag{50}$$
$$y = 891968879\ x - 19851 \tag{51}$$

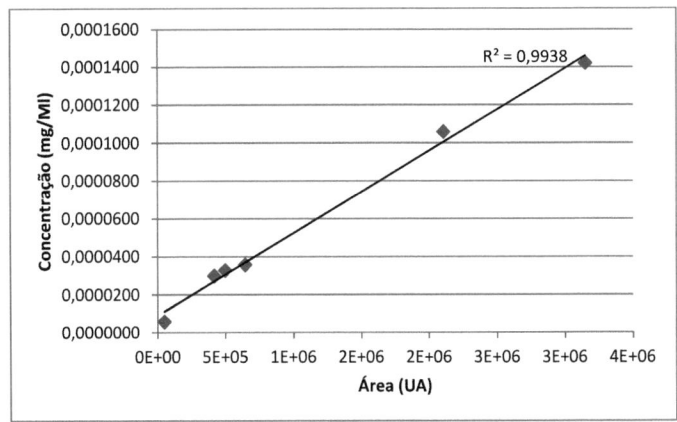

FIGURA A1 – CURVA PADRÃO PARA DETERMINAÇÃO POR CROMATOGRAFIA GASOSA DA MONOOLEÍNA.

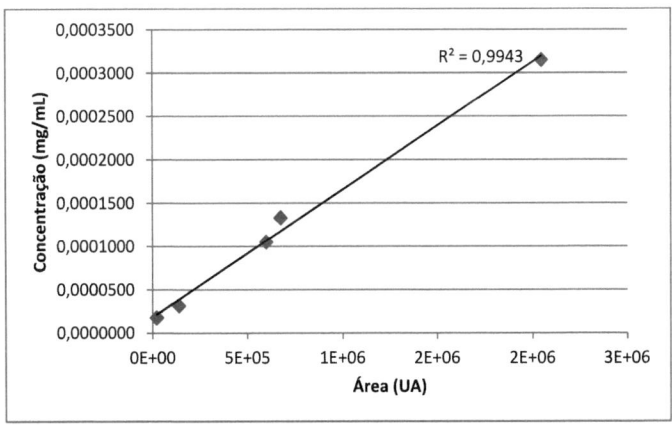

FIGURA A2 – CURVA PADRÃO PARA DETERMINAÇÃO POR CROMATOGRAFIA GASOSA DA DIOLEÍNA.

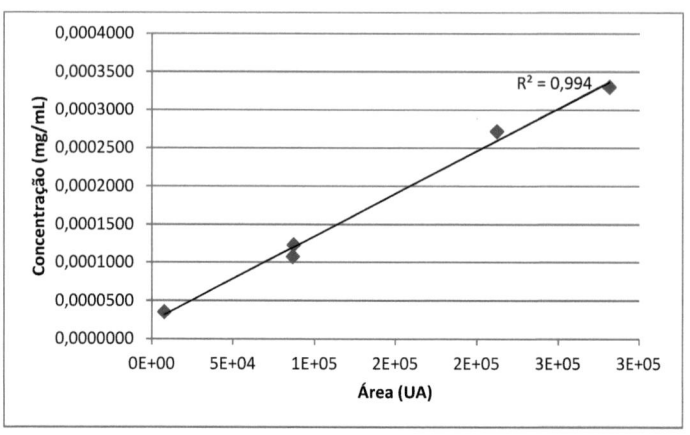

FIGURA A3 – CURVA PADRÃO PARA DETERMINAÇÃO POR CROMATOGRAFIA GASOSA DA TRIOLEÍNA.

A validação da curva de calibração foi feita através do cálculo de erro absoluto, e erro por amostra. Em todos as curvas de calibração esta porcentagem de erro foi menor que 0,01. O erro foi calculado através da diferença entre a concentração real de analito por grama de amostra e a concentração determinada pelo modelo de equação da reta. Para verificar a eficiência e confiabilidade das curvas de calibração obtidas com os padrões externos foram preparadas duas amostras sintéticas, adicionando às amostras padrões externos de monooleína e dioleína em concentrações conhecidas. As porcentagens (m/m) obtidas para cada composto em cada uma das amostras foram comparadas com as porcentagens adicionadas nas amostras sintéticas.

As concentrações das amostras sintéticas utilizadas na validação das curvas de calibração obtidas são apresentadas na tabela 10, onde estão apresentados os valores obtidos pelas equações através das áreas obtidas das análises cromatográficas e o erro percentual calculado para as amostras analisadas.

TABELA A5 – CONCENTRAÇÕES DAS AMOSTRAS SINTÉTICAS E RESULTADOS OBTIDOS POR ANÁLISE EM CROMATOGRAFIA GASOSA PARA VALIDAÇÃO DAS CURVAS DE CALIBRAÇÃO, COM OS RESPECTIVOS ERROS.

Amostra		%MAG	%erro	%DAG	%erro	%TAG	%erro
1	Adicionado	24,29	9,95	22,92	6,511	24.81	9,84
	Quantificado - resultado amostra	26,72		21,47		22,36	
2	Adicionado	29,83	6,3	30,02	2,86	29,57	3,86
	Quantificado - resultado amostra	27,95		30,88		28,48	

O erro apresentado na Tabela 12 foi calculado pela diferença entre %adicionado e % quantificado subtraído do resultado da amostra, divididos pelo % adicionado.

A média dos erros das análises por cromatografia gasosa foram: 8,125% para MAG, 4,685% para DAG e 6,86% para TAG. Esses valores foram considerados erros aceitáveis e as curvas de calibração válidas para serem utilizadas nas análises das amostrar das reações de hidrólise.

Concentração de analitos

Dois cromatogramas típicos obtidos nas análises de MAGs, DAGs e TAGs, encontram-se a seguir, para exemplificação. A Figura 17 corresponde ao tempo 2 horas de uma determinada reação, e a Figura 18 ao tempo 12 horas da mesma reação. As áreas entre 26 e 28 minutos correspondem à região de monoacilgliceróis, de 28 a 30 minutos corresponde à região de diacilgliceróis e de 30 a 33 minutos corresponde à região de triacilgliceróis.

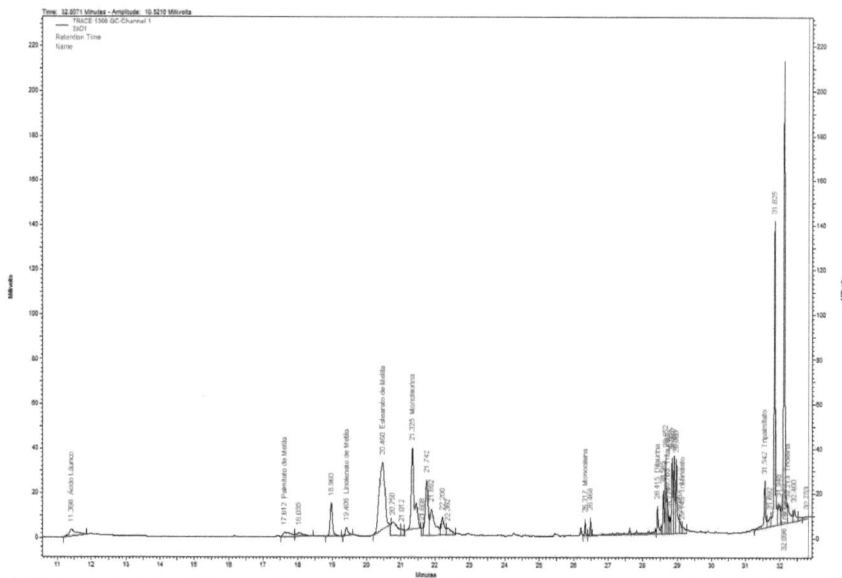

FIGURA A4 – CROMATOGRAMA OBTIDO NAS ANÁLISES DE MAGS, DAGS E TAGS,
CORRESPONDENTE AO TEMPO DE 2 HORAS DA REAÇÃO DE HIDRÓLISE COM 3% DE ÁGUA
(EM RELAÇÃO A MASSA DE ÓLEO)

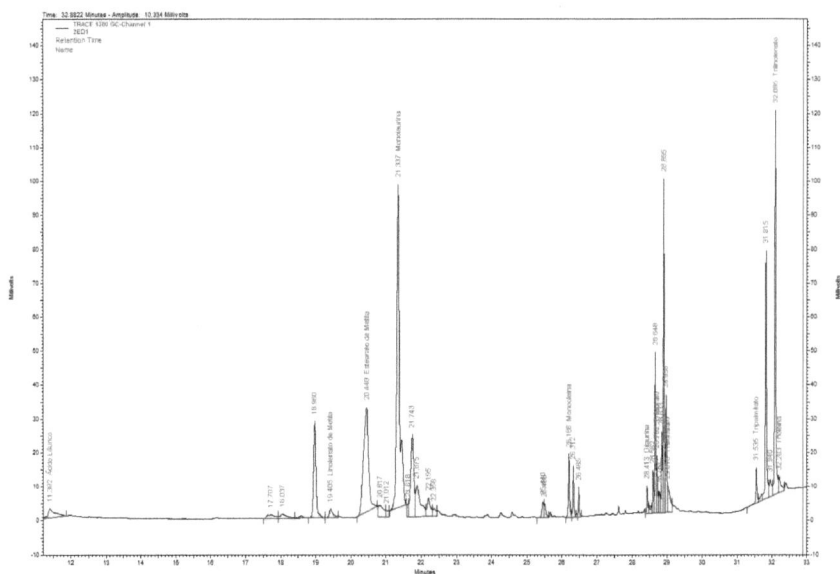

FIGURA A4 - CROMATOGRAMA OBTIDO NAS ANÁLISES DE MAGS, DAGS E TAGS, CORRESPONDENTE AO TEMPO DE 12 HORAS DA REAÇÃO DE HIDRÓLISE COM 3% DE ÁGUA (EM RELAÇÃO A MASSA DE ÓLEO).

A partir das áreas dos picos foram calculadas as concentrações (%m/m) para cada analito, em cada amostra

Utilizou-se o valor de acidez, determinado por titulação, para determinar o teor de mono di e tri em cada amostra, considerando a porcentagem destes, calculada pelas concentrações de cada analito. Assim, obteve-se resultados em porcentagem do analito em relação a massa total da amostra analisada (%m/m). As equações 28 e 29 demonstram como foi realizado o cálculo para obter o resultado (%m/m) de cada analito para cada amostra.

$$100\% - \%AGL = \%ACILGLICERÓIS \qquad (52)$$

Onde:

%AGL = Porcentagem de ácido graxo livre obtido por titulação da amostra

%ACILGLICERÓIS = Porcentagem de acilgliceróis da amostra

$$\% \text{ TA} = \frac{\%A\ (\ \%MAG + \%DAG + \%TAG - \%AGL)}{(\%MAG + \%DAG + \%TAG)} \qquad (53)$$

Onde:

%TA = Porcentagem total do acilglicerol na amostra

% A = Porcentagem do acilglicerol, em relação aos outros acilgliceróis, na amostra

% MAG = Porcentagem de Monoacilglicerol, em relação aos outros acilgliceróis, na amostra

% DAG = Porcentagem de Diacilglicerol, em relação aos outros acilgliceróis, na amostra

% TAG = Porcentagem de triacilglicerol, em relação aos outros acilgliceróis, na amostra

As Tabelas 11, 12 e 13 apresentam as concentrações, de cada analito obtidas por análise cromatográfica.

TABELA A6 - TEOR DE TAG, DAG E MAG (%M/M) OBTIDOS POR CROMATOGRAFIA GASOSA A PARTIR DA HIDRÓLISE PARCIAL DO ÓLEO DE OLIVA COM LIPOZYME RM IM EM FUNÇÃO DO TEMPO DE REAÇÃO A 55 °C; 1,36 M% ENZIMA/SUBSTRATO; 20% MÁGUA/ÓLEO

Amostra	Acido graxo	MAG	DAG	TAG	t (horas)
1AD1	4,46	0,13	6,58	88,83	4
1BD1	2,70	0,12	6,51	90,67	2
1CD1	36,49	1,19	12,05	50,27	16
1DD1	46,31	1,68	14,95	37,06	20
1ED1	10,49	0,19	5,92	83,40	8
1FD1	22,99	1,19	18,35	57,46	12
1GD1	48,41	1,21	10,06	40,32	24

Tabela A7 - Teor de TAG, DAG e Mag (%m/m) obtidos por cromatografia gasosa a partir da hidrólise parcial do óleo de oliva com lipozyme rm im em função do tempo de reação a 55 °c; 1,36 m% enzima/substrato; 3% mágua/óleo.

Amostra	Acido graxo	MAG	DAG	TAG	t (horas)
2AD1	7,98	0,28	6,33	85,41	2
2BD1	14,05	0,62	10,38	74,95	4
2CD1	19,52	1,04	15,11	64,34	8
2DD1	23,04	1,56	18,63	56,77	16
2ED1	20,87	0,71	10,44	67,97	12
2FD1	24,81	1,34	19,14	54,71	24
2GD1	24,10	1,35	16,61	57,94	20

Tabela A8 - Teor de TAG, DAG e Mag (%m/m) obtidos por cromatografia gasosa a partir da hidrólise parcial do óleo de oliva com lipozyme rm im em função do tempo de reação a 55 ℃; 1,36 m% enzima/substrato; 10% mágua/óleo.

Amostra	Acido graxo	MAG	DAG	TAG	t (horas)
3AD1	1,76	0,16	5,17	92,91	2
3BD1	2,86	0,11	6,06	90,97	4
3CD1	9,83	0,25	7,02	82,90	8
3DD1	11,14	0,25	6,98	81,63	12
3ED1	13,45	0,39	7,49	78,68	16
3FD1	29,37	0,94	12,49	57,19	20
3GD1	30,30	0,64	8,86	60,20	24

Printed by Books on Demand GmbH, Norderstedt / Germany